~CC2019

Photoshop
Illustrator ×
Indesign

商業平面設計一次搞定

針對商業平面設計教學，融會三大工具
一單元一主題，隨書一口氣學會三大設計軟體！

T

推薦序

近二年，青年高失業與低薪就業的問題不僅成為台灣社會關注的焦點，也是世界各國普遍面臨的問題。當許多人仍處在低迷的厭世氛圍中，其實，早已有一群人正積極的透過接案、兼差，為自己創造更多的收入來源。據最近的調查結果顯示，超過六成以上的上班族，有賺外快的計劃。

我投身教育產業已超過 28 個年頭，始終對台灣年輕人的創意與熱情充滿信心，不管外在環境有多麼險惡，總有許多不向命運低頭的優秀學員，挺身而出對抗命運，為自己的未來鋪路。然而，學習是辛苦了，若路上能有名師帶領提攜，遠比起自己摸索要更快到達目的地。

很高興再次接獲楊馥庭老師邀請寫序，楊老師近 20 年的設計功力，不僅擁有嚴謹的上課態度，活潑又不失專業的教學方法在課堂獲得學員相當多的口碑與肯定，這一次《Photoshop、Illustrator、InDesign 商業平面設計一次搞定》出版，結合了多年的設計經驗及業界常用的實務範例，除了有別於市場上大篇幅的工具教學外，更遠赴日本富士山取材，足見楊老師對內容的用心，也絕對是您書櫃裡兼具專業及收藏價值的一本好書。

聯成電腦　總經理　鍾聖智

作者序

本書使用三套設計界常用的軟體：Photoshop、Illustrator 以及 InDesign 示範教學，以實用的商業設計範例創作分享。內容包含各式文宣品設計，涵蓋了平面設計、網頁設計、書籍封面設計、插圖設計繪畫…等，幾乎可以處理目前所有商業平面設計的類型。

業界的設計師，在頁數較少的文宣品，大多使用 Illustrator 軟體來設計；頁數較多的文宣品，則會加上 InDesign 軟體製作整合。至於影像合成部分則使用 Photoshop 完成，本書以現在較為流行的技法教學，是十分符合業界作法的工具書籍。

此書內容，筆者遠赴日本各地取材攝影，藉由 InDesign 軟體，帶領讀者編排、設計一本屬於自己的旅遊電子書。筆者從事商業設計工作將近二十年，在設計領域這部分非常的執著，也累積了十多年的教學經驗，希望透過教學可以傳達設計在日常生活中的重要性，特別藉由本書結合文創設計以及整合各項軟體之技能，希望大家學習愉快。

聯成電腦　楊馥庭（庭庭老師）

Contents

目錄

Lesson 3 ：聖誕海報設計

Lesson 4 ：情人節卡片設計

Lesson 5：電子書排版 —— 東京之旅介紹（書籍封面設計）

Lesson 9　電子書排版 —— 東京之旅介紹
（動畫製作）

Lesson 10　電子書排版 —— 東京之旅介紹
（網站連結、加入按鈕選項、信箱連結）

Lesson 11　電子書排版 —— 東京之旅介紹
（輸出檔案）

Lesson 1
薰衣草概念
餐館名片設計

設計概念　使用紫色薰衣草背景顏色為主，營造浪漫的紫色氛圍，再利用深淺顏色搭配整體版面，花朵使用剪影方式呈現，版面保留適度的留白，強調 Logo 為主要設計主題。

軟體技巧　筆刷工具繪製畫面中的 Logo，利用文字工具輸入名片文字，再利用鋼筆工具描繪名片中的色塊。

檔　　案　Chapter 01 \ 範例完成品 \ 名片設計 .ai

應用軟體　Ai Illustrator

Completed

①
新增一個名片
尺寸大小。

③
利用文字工具
輸入文字。

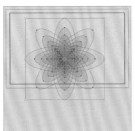

②
利用橢圓形工
具製作花朵外
型,再利用物
件內的個別變
形功能,製作
拷貝放射狀變
形效果。

④
利用筆刷工具
製作 Logo 外
型。

1.1 ‥ 新增一個名片尺寸

01 於 Illustrator 新增一個空白頁面，點選『檔案 > 新建』，點選『列印』，點選『尺寸；A4 尺寸』，或輸入名片尺寸大小，以及印刷詳細參數設定『名稱：名片設計、工作區域數量：1、寬度：90mm、高度：54mm、出血：3mm（上方）、3mm（下方）、3mm（左方）、3mm（右方）、展開進階面板，設定『色彩模式：CMYK、點陣特效：高（300ppi），調整完畢後按下『建立』按鈕。

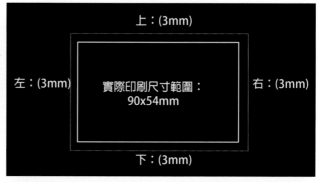

02 首先製作名片底色,利用工具列中的『矩形工具』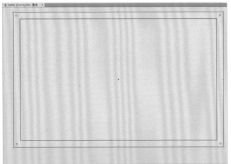,繪製一個矩形,色票參數『C:7、M:22、Y:0、K:0』,再到工具列中的『填色』修改名片顏色。

填色上方點兩下,
編輯顏色。

03 將矩形色塊鎖定,再進行其他編輯。點選『視窗 > 圖層』將圖層鎖定,如此一來可以避免進行其他設計時影響底下色塊。

04 新增一個空白圖層為『圖層 2』,接下來的設計全部都在圖層 2 完成。

1.2 ┊ 放射狀花瓣製作

01 利用工具列中的『橢圓形工具』 ○
，在畫面中繪製一個橢圓形，並修
改橢圓型顏色為紫色。

02 修改橢圓形色塊尺寸的大小，點選
『視窗 > 變形』展開變形面板，修
改畫好的橢圓形大小，設定『寬：
8mm、高：25mm』，尺寸調整後，
再至工具列填色選項。

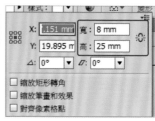

03 製作放射狀花瓣。利用工具列中的『選取工具』 ，點選畫面中的橢圓
形色塊『物件 > 變形 > 個別變形』，『旋轉角度：45 度』，設定完成按下
『拷貝』按鈕多複製一組圖片，參數設定完畢之後按下『確定』。

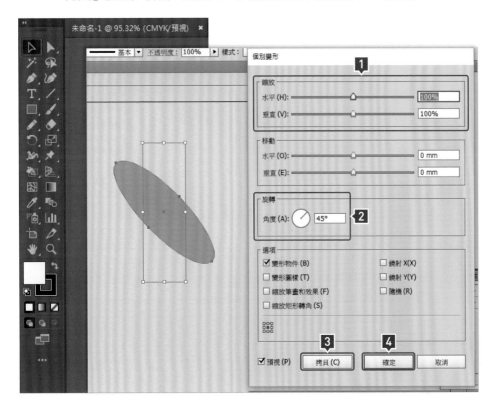

04 快速複製畫面中橢圓形。重複按
下快速鍵『Ctrl+D』，將橢圓形製
作成一朵花的外型。

05 將製作完成的花瓣設為群組，
以方便編輯設計。利用『選
取工具』 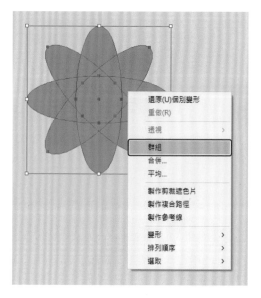 框選畫面中的花
瓣，按下滑鼠右鍵，選擇『群
組』。

06 製作放射狀的變形花朵。選擇
『物件 > 變形 > 個別變形』，
將原來的花朵縮放、複製、變
形，『縮放中的水平：110%、
垂直：110%』，按下『拷貝』
按鈕多複製一組物件，設定完
畢後按下『確定』。

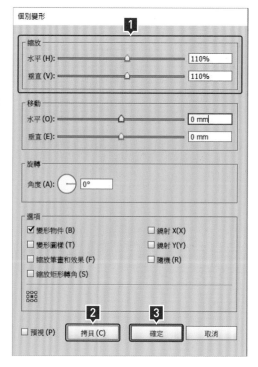

07 按下變形拷貝快速鍵『Ctrl+D』，快速複製重複按壓四次，產生複製花朵
縮放變形，畫面會出現五朵花瓣圖型。

1.3 ⋮ 調降花朵不透明度

01 利用調整畫面中的每一層花瓣透明度，製作花朵物件的層次感，以『選取工具』▶ 點選畫面中物件。點擊『視窗 > 圖層』，將畫面中的所有圖層物件展開，分別調整圖層中的透明度。

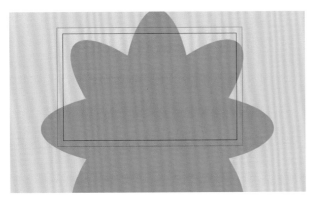

02 點選『視窗 > 透明度』，利用『選取工具』▶ 點選畫面中的花朵，到『視窗 > 透明度』調整最外層的花朵透明度為『不透明度：10%』。

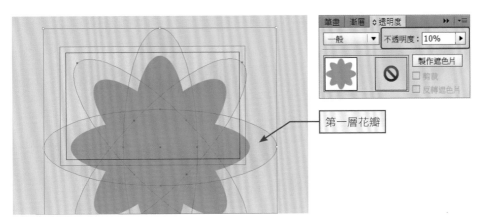

第一層花瓣

03 調整完畢後將畫面中的花朵先鎖定，這樣才可以進行其他花瓣調降透明度的編輯功能。點選『物件 > 鎖定 > 選取範圍』將第一層花瓣物件鎖定。

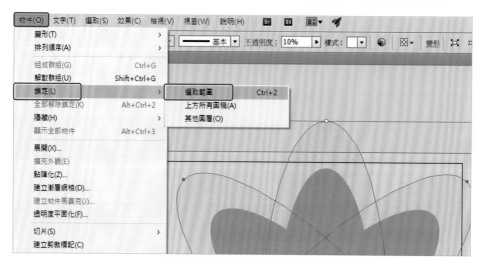

04 繼續編輯畫面中的花朵不透明度。調整第二層的花朵花瓣，選擇『不透明度：20%』。

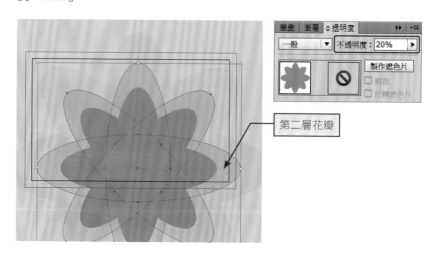

第二層花瓣

05 ▶ 調降完畢後鎖定花瓣。點選『物件 > 鎖定 > 選取範圍』鎖定第二層花瓣。

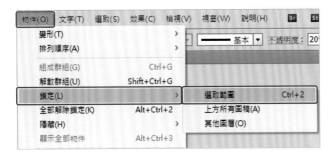

06 ▶ 繼續調整第三層的花朵的不透明度，設定『不透明度：30%』，調整完畢後鎖定物件，點選『物件 > 鎖定 > 選取範圍』鎖定第三層花瓣。

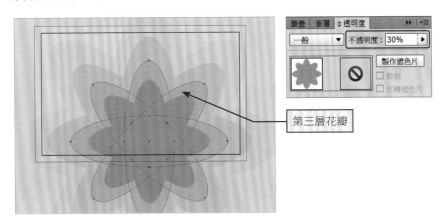

第三層花瓣

07 ▶ 點選第四層花朵，調整物件不透明度。點選『視窗 > 透明度』修改物件透明度為 40%，點選『物件 > 鎖定選取範圍』鎖定第四層花瓣。

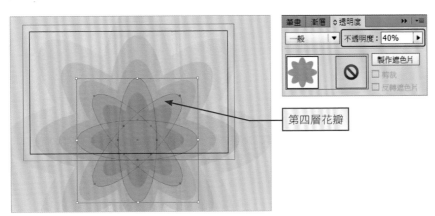

第四層花瓣

08 繼續製作第五層花瓣，選取並調降不透明度，『不透明度：50%』，並點選
『物件 > 鎖定 > 選取範圍』鎖定第五層花瓣。

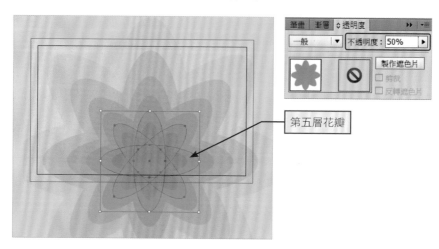

第五層花瓣

09 點選並調整第六層花瓣，設定『不透明度：60%』，點選『物件 > 鎖定 >
選取範圍』鎖定第六層花瓣。

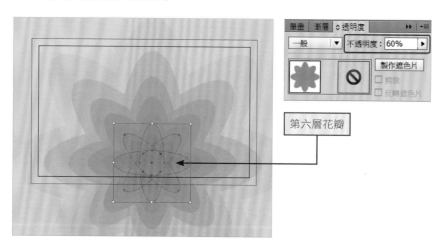

第六層花瓣

10 各層的花瓣透明度皆調整完畢後，解除所
有鎖定的花瓣。點選『物件 > 全部解除
鎖定』，將第一層到第六層所有花瓣全部
解除鎖定。

11 利用『選取工具』 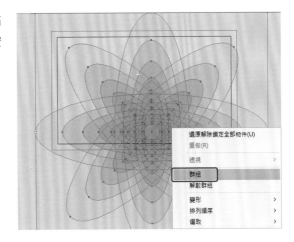 點
選畫面中所有花瓣，按
下滑鼠右鍵的『群組』，
把所有花瓣設定為群組。

12 設定群組後，選擇『選
取工具』 旋轉畫面中
的花朵角度。

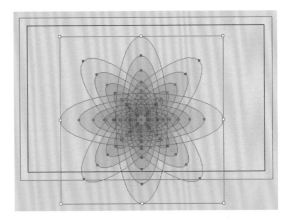

13 再多複製一組花朵，讓
版面看起來更活潑。利
用『選取工具』 點
選畫面中的花朵，按住
『Alt』鍵不放拖移複製
花朵。

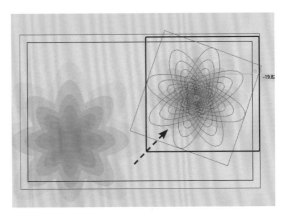

14 調降花朵不透明度，讓畫面看起來有層次感。點選『視窗 > 透明度』，調整『不透明度：72%』。

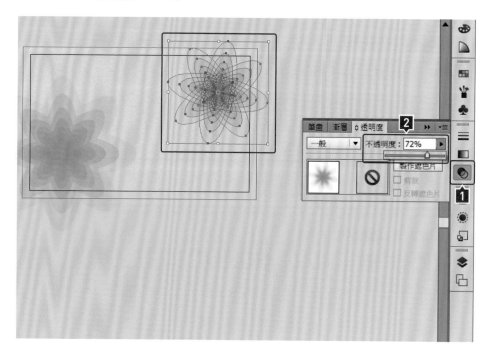

完成品如下圖。

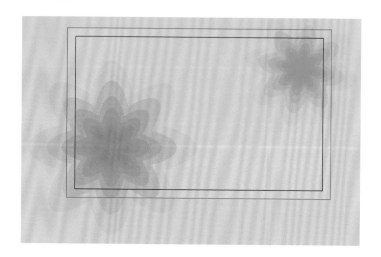

1.4 名片加入名字

01 點選工具列『文字工具』，於畫面中點一下即可輸入文字。並點選『視窗 > 文字 > 字元』，方便後續調整設計。

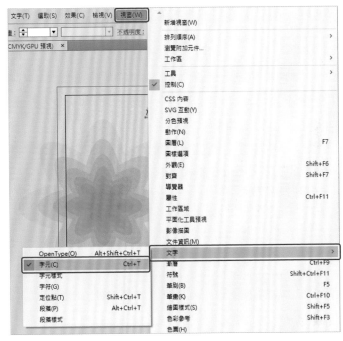

02 利用『文字工具』 反選步驟 01 輸入的文字。

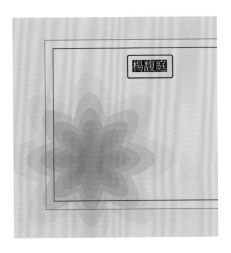

03 展開『字元面板』，調整文字距離以及大小、字型樣式，調整『字元間距：200』。

04 選擇工具列中『文字工具』 **T** 輸入文字，反選畫面中的文字，在字元面板內調整『字型樣式以及字體大小』。

字體樣式：Adobe 繁黑體 / 字體大小：16pt/ 字元距離：300。

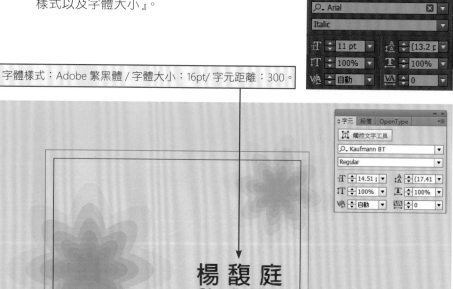

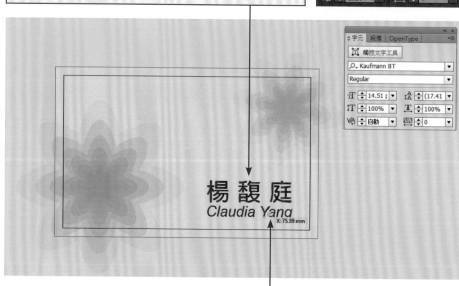

字體樣式：Arial/Italic / 字體大小：11pt/ 字元距離：0。

1.5 ：深色色塊製作

01 利用工具列中的『鋼筆工具』描繪色塊，該色塊顏色使用深色為主。

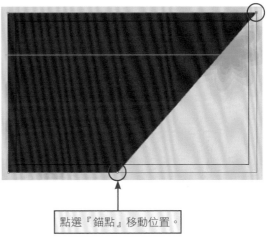

點選『錨點』移動位置。

02 調整繪製完成的色塊位置。點選工具列中的『直接選取工具』，點選
『錨點』並調整『錨點』位置。

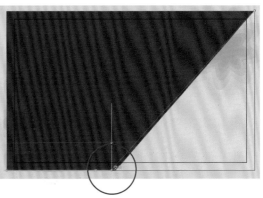

03 點選先前繪製的花朵，將花朵調整到畫面最前面。選擇『直接選取工具』
   ▶ 點選畫面中花朵，按下滑鼠右鍵『排列順序 > 移至最前』。

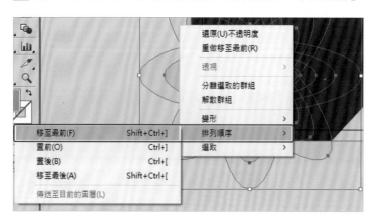

04 點選繪製的另一個花朵，將花朵調整到畫面最前面。利用『選取工具』 ▶
   點選畫面中花朵，按下滑鼠右鍵『排列順序 > 移至最前』。

05 調整物件不透明度。點選『視窗 > 透明度』調整『不透明度：67%』。

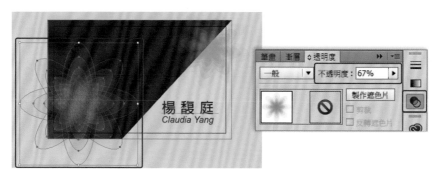

1.6 ：深紫色色塊製作陰影

01 製作陰影讓物件看起來更加立體。使用『選取工具』 ▷ 選取畫面深紫色色塊後，點選『效果 > 風格化 > 製作陰影』即可展生陰影。

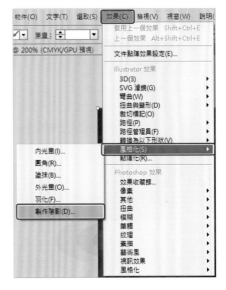

02 展開『陰影面板』，修改陰影參數『模式：色彩增值、不透明度：75%、X 位移：0.5mm、Y 位移：0.5mm、模糊：1mm，修改顏色：紫色。』

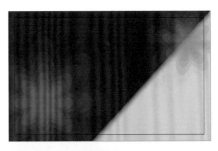

1.7 ┊ 利用筆刷工具繪製薰衣草 Logo

01 於工具列中選擇『筆刷工具』 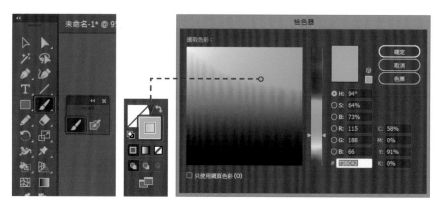，修改『筆畫顏色』為綠色。

02 於畫面繪製圖形如右圖。

03 點選工具列中的『選取工具』 ▷ 後，選取步驟 02 描繪出的線條，再點選『平滑工具』 ，延著線條描繪，即可自動修整線條弧度，讓線條看起來順一點。

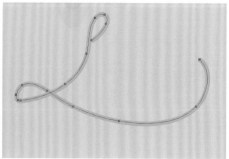

04 『平滑工具』可以修順並調整選取的線條，使畫面中的錨點變少，讓嚴重鋸齒狀的線條看起來更平順美觀。

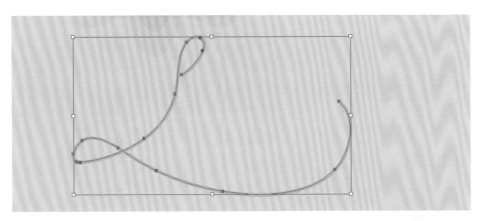

05 調整已經繪製完成的線條粗細。點選『視窗 > 筆畫』，設定筆畫線條寬度『寬度：0.5pt』。

06 選擇『文字工具』T. 輸入文字，調整填色顏色為淡紫色。

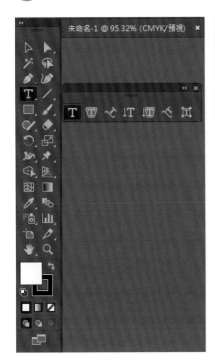

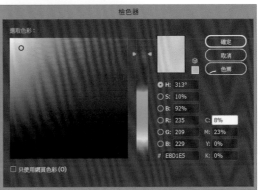

07 點選畫面中已經完成的花朵，以及深紫色色塊。

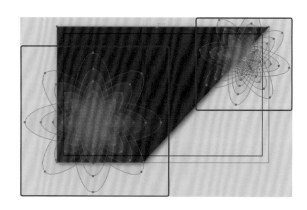

08 先將這兩個物件鎖定再進行其他編輯。點選『物件 > 鎖定 > 選取範圍』。

09 選擇『選取工具』 將已完成的 Logo 物件移到版面正中間。

10 緊接著將畫面中的物件設為群組，按下滑鼠右鍵『群組』。

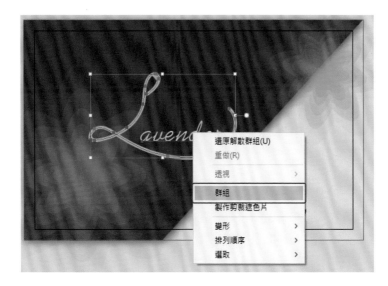

1.8 ⋮ 製作 Logo 花朵上的花朵花瓣

01 點選『筆刷工具』 ✍ 繪製花朵花瓣，再到筆畫視窗內調整筆畫粗細，點
選『視窗 > 筆畫』調整『寬度：0.25』。

02 利用『選取工具』 ▷ 點選花瓣線條，再利用『平滑工具』 ✏ 順一下線條。

03 調整局部錨點位置，利用『直接選取工具』 ▶ 點選『錨點』，調整錨點位置。

點選錨點調整位置

04 調整錨點位置，利用『直接選取工具』 ▶ 點選『錨點』，調整『錨點』位置，再用『平滑工具』 ✏ 順一下線條。

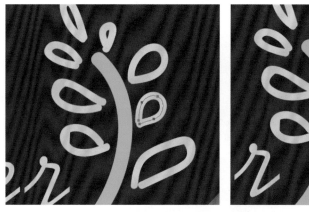 

05 調整錨點位置，利用『直接選取工具』 ▶ 點選『錨點』，調整錨點位置，再用『平滑工具』 ✏ 順一下線條，將畫面中每一朵花朵調整成較為圓滑的外型。

1.9 ： 建立外框文字

01 將畫面中的文字建立外框，避免在其他電腦開啟時，因為沒有字型無法正確顯示文字。首先將已經群組的文字解散群組，使用『選取工具』 ▷ 點選畫面中群組物件，按下滑鼠右鍵『解散群組』。

02 再點選畫面中的「文字」，按下滑鼠右鍵『建立外框』，將文字變成物件。

03 同上一步驟，利用『選取工具』 ▷
點選畫面中其他文字，按下滑鼠右
鍵『建立外框』，將文字變成物件。

1.10 ┊ 製作陰影效果

01 將製作完成的 Logo 設定群組。『選
取工具』 ▷ 框選畫面中物件，按
下滑鼠右鍵選取『群組』。

02 製作陰影效果，讓畫面中的 Logo
看起來更立體。選擇『效果 > 風格
化 > 製作陰影』。

03 展開『製作陰影』面板，調整『模式：色彩增值、不透明度：75%、X 位移：0.5mm、Y 位移：0.5mm、模糊：1mm、修改顏色：紫色。』

完成品如下圖。

1.11 ፨ 儲存名片檔案

將製作完成的設計稿儲存。選擇『檔案 > 另存新檔』，版本選擇最新版本：
Illustrator CC，再按下『確定』。

LOGO 設計與發想

【何謂 CIS 設計】

CIS 企業識別設計系統主要目的是在提升企業形象以及品牌強化識別性、增加營銷利潤，規畫製作出的規格化、統一化、組織化和標準化的設計，整合了公司經營理念，進而延伸促銷戰略和視覺呈現傳達設計。

【CIS 企業識別組成以及系統設計】

【CIS 角色扮演】

MI理念識別設計 / 打造品牌差異化
與市場上的相同品牌差異性

BI活動識別設計 / 動態的識別系統
對外：服務品質、互動形式活動
對內：公司內部組織管理、教育訓練與培訓

VI視覺識別設計 / 靜態的識別系統
視覺化的傳達方式來呈現

Photoshop × Illustrator × InDesign 商業平面設計一次搞定

【LOGO 創意發想】

在設計 LOGO 之前，可以依照產業類別、公司特性、在地文化特色…等
和公司相關的資料，來執行創意發想。

透過腦力激盪的方式延伸出 LOGO 設計，可以使用心智圖軟體將設計需
要放入的元素、聯想的內容等製作成視覺圖，讓腦海中的想法可以具象且
系統化的顯示出來。以本章節使用薫衣草為主題的餐廳為例，示範設計一
款 LOGO 以及名片的發想流程。

① 至心智圖軟體網站，免費下載檔案 https://www.xmind.net/。點選左邊
免費下載按鈕下載免費軟體，安裝完畢後，即可開始執行創意發想。

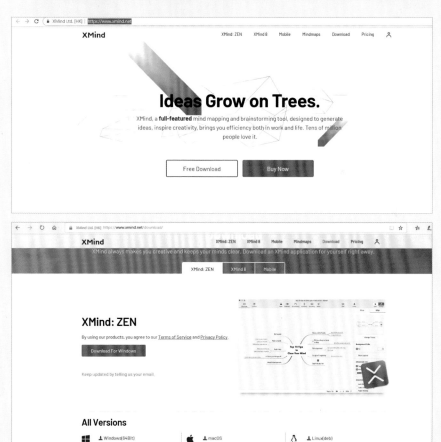

② 安裝心智圖表軟體後，點選一個適合的心智圖來延伸創意發想。

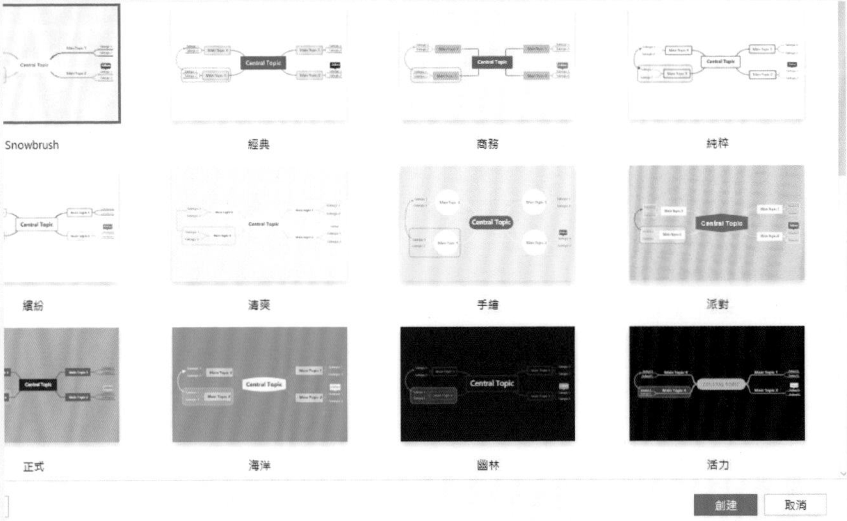

Snowbrush　　經典　　商務　　純粹

繽紛　　滷爽　　手繪　　派對

正式　　海洋　　園林　　活力

創建　　取消

③ 輸入設計主題

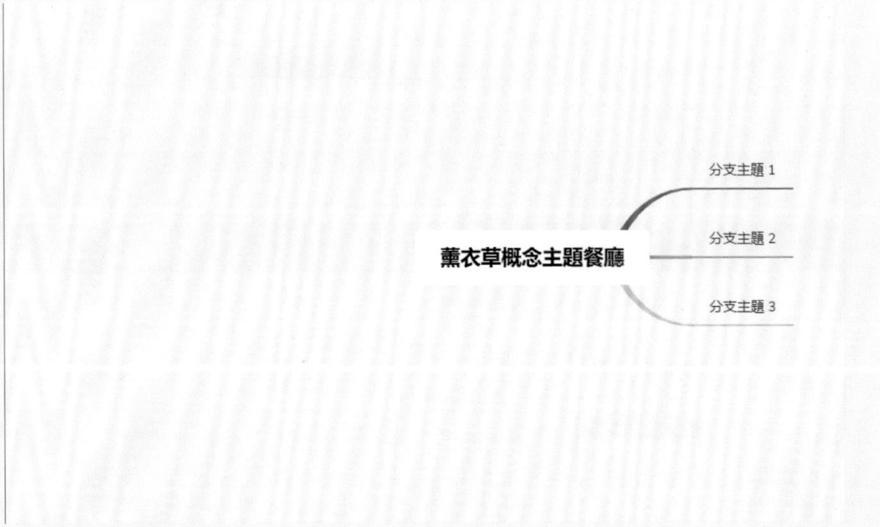

分支主題 1

薰衣草概念主題餐廳　　分支主題 2

分支主題 3

薰衣草餐廳主題延伸的心智圖發想

創意發想可以很自由隨興，可以把客人要求的主題設定輸入在心智圖內，以免忘記。

設計很主觀，有時候需要依照客人的指示去設計，但別忘記加入設計師的建議內容在心智圖內。

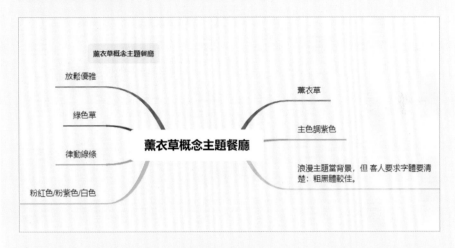

接下來就可以依照心智圖內的主要元素來去執行設計，在心智圖中挑選最能代表主題形式來設計 LOGO、名片…等設計。

Lesson 2

個人網站設計
（富士山）

設計概念　利用 Illustrator 軟體編排網頁，圖片設計圖檔分佈在版面內，垂直水平對齊工整的呈現，使用冷色系搭配冬天的富士山美景，呈現冷靜清晰的設計風格。

軟體技巧　使用 Illustrator 設計完稿旅遊網頁版面，以影像描圖工具將文字轉換成向量格式後並編輯，再利用美工刀工具將文字切片成塊狀，使用色票資料庫選單內的主題顏色進行配色，文字筆畫製作疊字效果，讓文字看起來更立體。畫面中主題 Logo 使用鋼筆工具描繪富士山以及飛機外型，再使用即時上色工具填入適當顏色。

檔　　案　Chapter 02 / 素材 / 1(1).jpg ~ 1(13).jpg
　　　　　Chapter 02 / 素材 / 文字
　　　　　Chapter 02 / 素材 / 毛筆字體 .jpg
　　　　　Chapter 02 / 素材 / 書法文字 .ai

應用軟體　**Ai** Illustrator

Completed

國內旅遊　國外旅遊　團體自由行　航空自由行　機票　訂房　票券　台北出發　高雄出發

📋 設計流程

將圖片置入編排後，再利用剪裁遮色片製作剪裁。

以橢圓形工具繪製畫面中間的白色圓形。

毛筆字帖文字運用剪裁遮色片製作毛筆標題文字。

以美工刀工具製作文字切片效果，再利用色票填入顏色。

製作疊字效果，讓文字看起來立體。

以即時上色油漆桶工具填入顏色。

以鋼筆工具描繪飛機外型以及噴射效果。

再利用矩形工具以及文字工具製作下方按鈕選項色塊。

2.1 新增尺寸

01 新增一個網頁畫面，點選『檔案 > 新增』選擇『網頁』，檔案名稱重新命名為網頁設計，首先修改單位為『像素』，設定尺寸為『寬度 1024px、寬度 768px』，點選，展開『進階選項』，設定『色彩模式為 RGB』，設定完畢後按下『建立』。

02 上方的使用者工作區域設定為『傳統基本功能』介面設定。

03 置入圖檔。點選『檔案 > 置入』，使用檔案【Chapter 02 > 素材 >1 (1)~ 1 (13) 圖檔】將圖檔置入於版面中。

04 利用『選取工具』 ▷ 點選圖片，調整圖片位置，將圖檔置入後，按下
『嵌入』 嵌入 畫面中，將圖檔直接『嵌入』於檔案中。

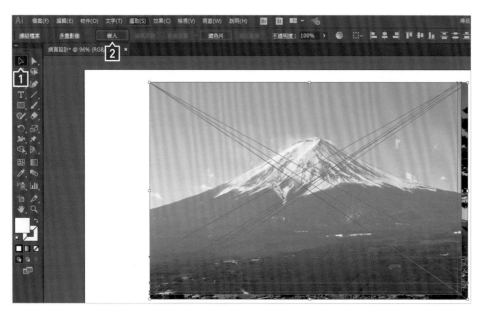

05 顯示參考線，利用參考線對齊畫面中圖片。點選『檢視 > 尺標 > 顯示尺
標』，將游標移至尺標處拖移拉出參考線。

06 將圖片置入在工作區域內,並利用剪裁遮色片,將工作區域以外的圖片刪除。首先將已置入的圖片設為群組,點選『選取工具』▶,框選畫面中的所有圖片,按下滑鼠右鍵『群組』。再點選『矩形工具』▢,畫一個矩形貼齊工作區域,將矩形蓋在群組圖片上,再利用『選取工具』▶同時選取畫面中矩形以及群組圖片,並按下滑鼠右鍵『製作剪裁遮色片』。

2.2 橢圓形透明色塊

01 選擇『橢圓形工具』 ，填色選擇白色，筆畫顏色取消。

填色上方點兩下、編輯顏色。

02 調降圖片不透明度。點選『視窗 > 透明度』，輸入『不透明度 79%』。

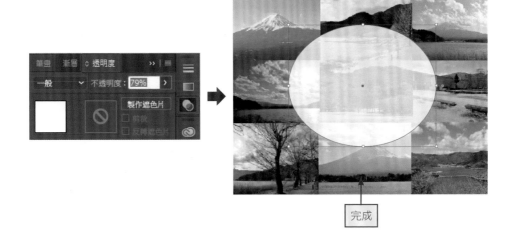

完成

2.3 標題文字 / 毛筆文字設計

01 將點陣圖片的文字圖檔圖片置入。點選『檔案 > 置入』,將圖檔置入,再利用『選取工具』▷,使用【2 > 素材 > 毛筆字體 .jpg】圖檔。

02 將置入後的文字圖檔,嵌入於畫面中。選擇『選取工具』▷ 並點選畫面中圖片,按下『嵌入』。

03 點選畫面中已經置入的圖檔,點選『視窗 > 影像描圖』 影像描圖 ▾,展開『影像描圖』 ▦ 面板。

04 點選『影像描圖』面板中的『進階』 ▸進階,展開『進階面板』,設定『路徑:100%、轉角:4%、雜訊:1px 』,『雜訊選項中的忽略白色選項打勾』。

05 再點選控制面板中的『展開』 展開,將點陣圖轉換為向量圖格式後重新填色。

2.4 : 利用美工刀工具將圖片文字切塊狀

01 點選畫面中向量毛筆字體，利用『美工刀工具』 ，對著畫面文字切塊。

02 利用『美工刀工具』 切塊狀，線條要劃斷文字。

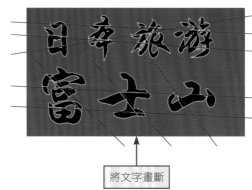

將文字畫斷

2.5 : 將影像描圖文字填色

01 點選『視窗 > 顏色』，展開『顏色面板』，首次上色顏色為灰階色彩，『K』代表灰階的意思。

02 點選右上角顯示選項 ■ 將灰階轉換為『RGB』選項。

| 顯示選項 |
| 灰階(G) |
| ✓ RGB(R) |
| HSB(H) |
| CMYK(C) |
| 可於網頁顯示的 RGB(W) |
| 反轉(I) |
| 互補(M) |
| 建立新的色票(N)... |

03 點選『顏色面板』，在『RGB 光譜』上方會出
現『滴管工具』的符號圖像，利用『滴管工
具』在『RGB 光譜』點選顏色。

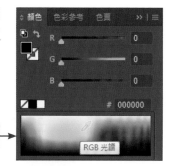

RGB 光譜點選顏色

2.6 ┊ 利用色票面板上色

01 點選『視窗 > 色票』利用色票上色。展
開『色票面板』，再點選左下角的『色
票資料庫選單』選項。

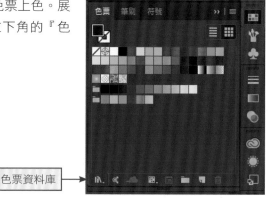

色票資料庫

02 色票資料庫選單內有很多主題顏色及配色，選擇『季節』配色主題，利用
『選取工具』 點選畫面中色塊，套用主題顏色。

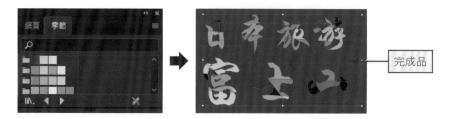

完成品

2.7 ：製作文字疊字效果

01 利用『選取工具』▷ 點選畫面中文字，按下快速鍵『Ctrl＋C』拷貝圖片，先複製一組文字備用，將原先的文字製作成白色筆畫效果。選擇『選取工具』▷ 點選畫面中文字，製作白色筆畫粗細。

02 點選『視窗＞筆畫』，展開『筆畫面板』，點選筆畫面板右上角『顯示選項』。

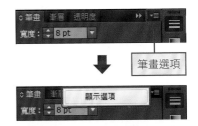

筆畫選項

03 展開『筆畫面板』選項，調整筆畫參數『寬度：8pt、端點：圓角、尖角：圓角』。

完成品

04 製作完成的白色筆畫上面，貼上【步驟01】拷貝的文字。按下快速鍵『Shift＋Ctrl＋V』，將文字貼在原來的位置上，再點選『選取工具』▷，框選畫面中完成的筆畫線條以及切割後的文字，按下滑鼠右鍵，從快顯功能表中選取『群組』。

2.8 ⋮ 筆畫與效果粗細等比縮放

01 設定使用 Illustrator 設計會運用到的線條筆畫粗細以及效果調整。若設計者想要等比縮放筆畫粗細以及效果，需點選『編輯 > 偏好設定 > 一般』，將『縮放筆畫和效果』選項打勾。

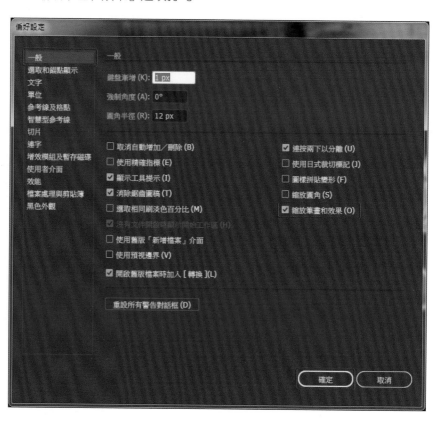

2.9 ┊ 製作陰影效果

製作陰影效果，讓文字看起來更加立體明顯。點選工具列中的『選取工具』▷，
選取畫面中的群組文字 —— 日本旅行富士山後，點選『效果 > 風格化 > 製作陰
影』，調整陰影選項『模式：色彩增值、不透明度：75%、X 位移 (X)：7px、Y 位
移 (Y)：7px、模糊 (B)：5px』、『陰影顏色：黑色』，『預視選項打勾』可以即時預
覽效果。

2.10 ┊ 製作富士山與日出插圖

01 工具列中色彩填色選項不上色，筆畫顏色為咖啡色，利用筆畫方式描繪外
型。

02 在工具列中選『鋼筆工具』 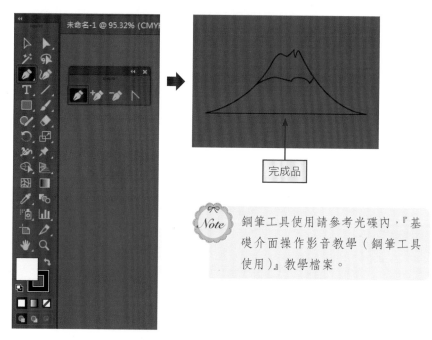 ，描繪外觀。

完成品

Note 鋼筆工具使用請參考光碟內，『基礎介面操作影音教學（鋼筆工具使用）』教學檔案。

03 利用『選取工具』 框選畫面中物件，點選『物件 > 即時上色 > 製作』，將物件變成封閉路徑，來製作即時上色填色。

04 選擇工具列中的『即時上色油漆桶工具』，重新填色，將選好的填色顏色倒入封閉範圍內。

05 填完顏色之後再將畫面中的筆畫顏色取消。

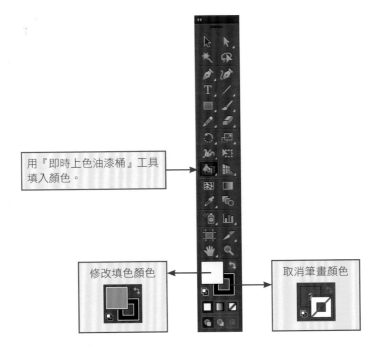

用『即時上色油漆桶』工具填入顏色。

修改填色顏色

取消筆畫顏色

06 繪製畫面中紅色太陽，填色顏色選擇紅色，利用工具『橢圓形工具』，壓住『Shift』鍵，用滑鼠拖移繪製一個正圓形。

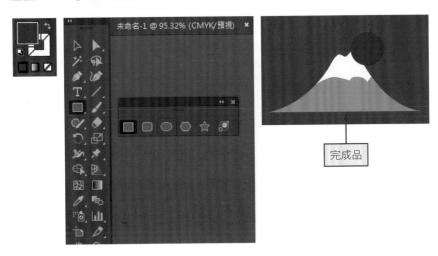

完成品

07 編輯製作完成的物件群組。選取畫面中的富士山以及太陽圖案，按下滑鼠右鍵選擇『群組』，將物件群組後編輯比較方便管理文件。

08 為群組完畢的物件製作陰影。選取『效果 > 風格化 > 製作陰影』，讓物件更有立體感。

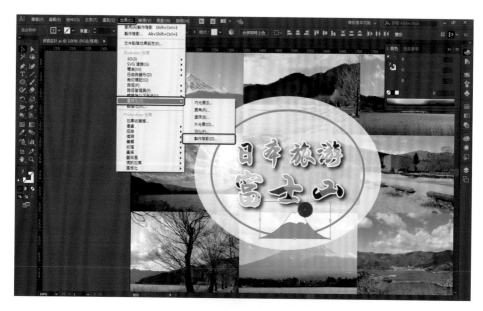

09 展開『製作陰影』面板，調整參數設定『模式：色彩增值、不透明度：75%、X 位移：7px、Y 位移：7px、模糊：5px』，『顏色：黑色』並將『預視選項打勾』以便預覽效果，確認效果後按下『確定』。

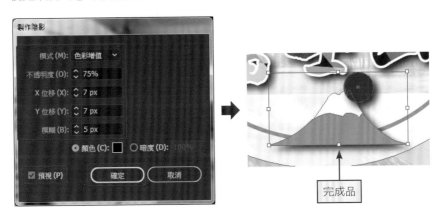

完成品

2.11 ⋮ 製作飛機

01 使用筆畫方式描繪飛機外型。首先描繪機身，利用工具列中選擇『圓角矩形工具』，繪製一條直式矩形。

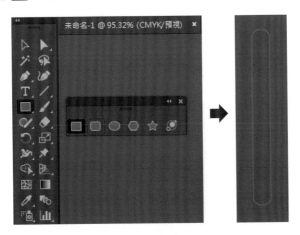

02 接下來繪製機翼。用工具列中的『矩形工具』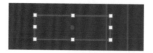，繪製一條橫式矩形。

03 將製作完成的橫式矩形製作傾斜效果。選擇工具列中的『傾斜工具』，滑鼠往右輕輕移動。

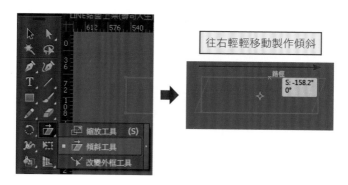

往右輕輕移動製作傾斜

04 再用『選取工具』 點選畫面中的矩形，旋轉畫好的矩形，與機身貼齊。

05 點選工具列中的『直接選取工具』 ，點選『錨點』，調整『錨點』位置。

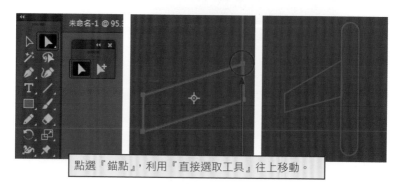

點選『錨點』，利用『直接選取工具』往上移動。

06 複製另一組機翼。利用『選取工具』 ▶ 點選已完成的機翼，按下快速鍵『Ctrl＋C』拷貝，再按下『Ctrl＋V』貼上。

07 將繪製完成的左邊機翼利用『鏡射工具』 ▷◁ 調整成右邊的機翼，在『鏡射工具』 ▷◁ 上點兩下。展開『鏡射工具』面板，設定『座標軸：垂直、角度：90 度』，按下『拷貝』選項後再按『確定』。

08 鏡射完成再利用『選取工具』▷ 點選鏡射完成的物件，將鏡射拷貝的物件往右移動。

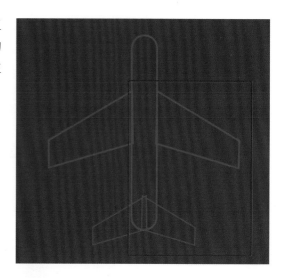

09 利用『選取工具』▷ 重新將畫好的飛機線框填色。再將該飛機物件聯集變成一個物件，點選『視窗 > 路徑管理員』。

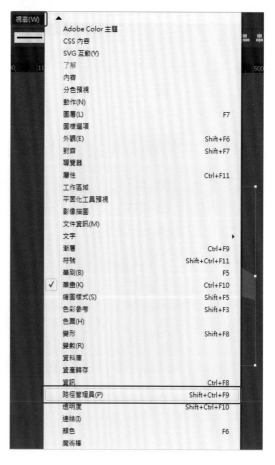

(10) 展開『路徑管理員』面板，
點選『形狀模式：聯集』，將
所有物件聯集成一個物件。

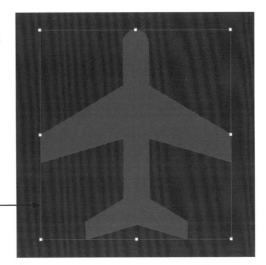

完成品

(11) 重新填入顏色，將飛機改成紅色系，搭配版面配色。

2.12 飛機的尾端噴效製作

(01) 選擇工具列的『鋼筆工具』 ，描繪出左邊弧度線。

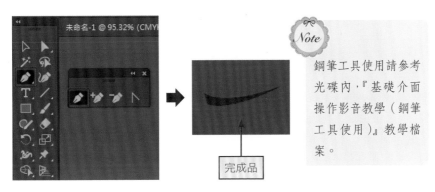

完成品

Note

鋼筆工具使用請參考
光碟內，『基礎介面
操作影音教學（鋼筆
工具使用）』教學檔
案。

02 左邊的噴效製作完成，利用『鏡射工具』，鏡射拷貝多一組右邊的圖案。
在工具列中的『鏡射工具』  上面點兩下，展開『鏡射』面板。

03 展開『鏡射』面板，設定『座標軸：垂直，角度：90度』，按下『拷貝』
按鈕多複製一組後再按下『確定』，再選擇『選取工具』，點選畫面中
已完成的物件，移動物件位置。

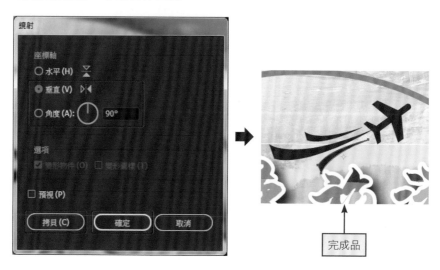

完成品

2.13 ∷ 製作下方按鈕選單

01 點選工具列中的『矩形工具』，填色選藍色，筆畫不上色，請輸入色票參數『#5B9DBA』。

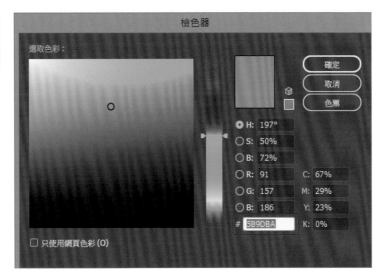

02 點選『文字工具』，在畫面點一下輸入文字。開啟文字檔資料【Chapter 02 > 素材 > 文字】複製文字，此為記事本文字檔。

國內旅遊　國外旅遊　團體自由行　航空自由行　機票　訂房　票券　台北出發　高雄出發

03 開啟『視窗 > 文字 > 字元』面板，利用『文字工具』反選畫面中文字，調整『字型樣式：Adobe 繁黑體 Std B、字型大小、字元距離：0』。

選擇工具列中的『直線工具』，按『Shift』鍵畫一條垂直直線。

05 『填色筆畫』顏色為藍色，請輸入色票參數『#377489』。

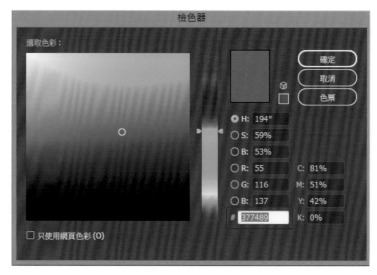

06 繪圖完成後調整線條粗細。點選『視窗 > 筆畫』設定筆畫寬度粗細『寬度：3pt』。

07 複製完成的線條，使用『選取工具』 ▷ 點在線條上方，再利用『Alt』鍵先壓住不放輕輕拖移線條，再按住『Shift』鍵強制垂直水平搬移複製，將垂直的線條分別複製在各文字中間。

完成品

網頁發展與風格

隨著網站技術的發展、業主對於網站設計的個性化需求,設計師在設計時會呈現許多設計風格,通常會互相混搭以下多種風格。

【單欄式版型網頁設計】

近年來的網頁設計使用了 CSS3 與 jQuery 的技術結合,單頁式網站版型設計近幾年頗為流行,此款編排設計較為簡易且清楚,讓使用者方便快速的瀏覽網頁同時,也讓使用者在瀏覽網頁具有明快的節奏感,畫面向下捲動的過程中,也可以加上動畫或網頁過場效果,讓畫面看起來更加豐富。

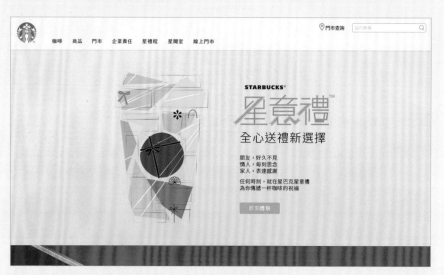

圖片來源:星巴克
https://www.starbucks.com.tw/home/index.jspx?r=81

【雙欄式版型】

雙欄式版型主要的內容劃分左右兩側，一側為『主要內容』，另外一側為『輔助內容』，『輔助內容』顯示產品相關的訊息、商品網站連結、廣告頁面…等。

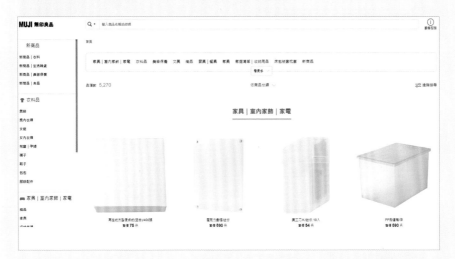

圖片來源：無印良品
https://www.muji.com/tw/products/

圖片來源：雄獅旅行社
https://www.liontravel.com/

【格狀式版型】

格狀式版型以欄寬均等方式，塊狀區分畫面，格狀設計較常見的是運用在平面印刷的版型配置方式之一，將版面中的圖片利用垂直或水平均分的方式，以格子排列在視覺畫面。設計利用格狀式版型，將畫面中的圖片欄位設定同樣的寬度，以利版面編排。

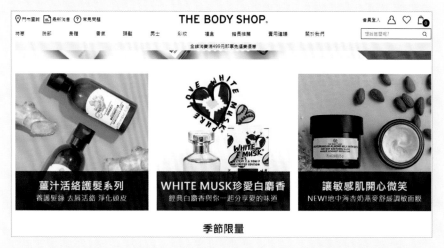

圖片來源：THE BODY SHOP
https://shop.thebodyshop.com.tw/thebodyshop/

另外根據不同需求尚有：

【全螢幕網頁設計】

在網站首頁中使用全螢幕的大圖做為網站的主要視覺，搭配少量的文字敘述，以視覺方式傳達網站內容。

【較大型字體網頁設計與運用】

網頁設計除了在設計常使用的標準字體以外，也可以使用自己創造的字體，增添網站獨特性。

【扁平化使用者介面設計】

蘋果 Apple 將擬真化使用者介面設計轉為扁平化使用者介面設計之後，扁平化使用者介面設計開始大量出現在各種 UI 圖示設計裡，同時也影響網站視覺設計。扁平化使用者介面設計是捨棄設計元素上的額外效果，例如過多陰影、過度立體浮凸、過量的光暈等，讓視覺傳達畫面，大量運用色塊設計，使用極簡的方式呈現。

【網頁設計構成版面的區塊】

頁首、頁尾、導覽列、內容區塊…等。

MEMO

Lesson 3

聖誕海報設計

設計概念 色彩配色以聖誕節歡樂的氣氛為主，使用暗紅色系配色，聖誕樹配色
使用反白顏色來突顯，而聖誕樹前面的標題文字則使用與底色相同色
系的暗紅色為主，強調協調氣氛，標題文字 MERRY CHRISTMAS 使用
類似金色的漸層顏色，並用書寫英文字體營造浪漫的氛圍，英文字上
方的鹿角可愛造型，可以讓文字看起來更活潑。

軟體技巧 使用漸層工具繪製一個暗紅色底色，再利用多邊型工具製作一個三角
形，製作鋸齒效果，文字工具建立外框製作標題文字物件，再利用漸
層工具製作金屬黃金效果文字，橢圓型工具繪製圓球再利用路徑管理
員工具製作聖誕禮物球，使用重新填色功能重新填色，點滴筆刷工具
製作標題文字的鹿角效果，下雪的背景則使用模糊工具完成。

檔　　案 Chapter 03 / 範例完成品

應用軟體 Ai Illustrator

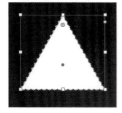

利用重新上色工具，將複製的圓球重新填色。

利用文字工具輸入文字，將文字建立外框，將文字轉變成物件，重新以漸層工具填色。

利用路徑管理員製作聖誕禮物圓球。

利用三角形工具，製作效果中的鋸齒狀效果，完成聖誕樹外型。

3.1 ∶ 新增尺寸

01 新增一個文件檔案，點選『檔案 > 新增』，選擇『列印』，重新命名檔案名稱為『聖誕卡片設計』。設定『寬度：100mm、高度：100mm、出血：上 3mm、下 3mm、左 3mm、右 3mm』，點選進階面板，展開進階面板選項，調整『色彩模式：CMYK 色彩、點陣特效：高 (300ppi)』，調整完畢後按下『建立』按鈕。

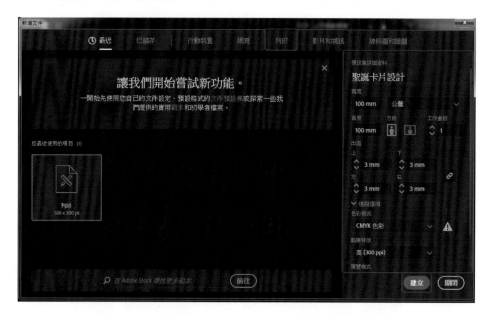

3.2 ∶ 新增漸層底色

01 點選『矩形工具』，■ 繪製一個矩形，在工具列中選取『重新填色』設定為漸層填色。

填色 / 漸層色 ➡

02 選取『視窗 > 漸層』展開漸層面板重新調整漸層顏色,選擇顏色為深紅色及淺紅色,將選擇漸層類型為『放射狀』。

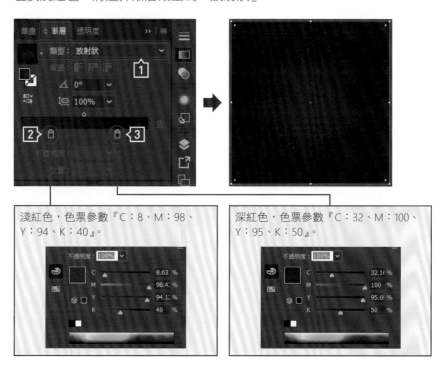

淺紅色,色票參數『C:8、M:98、Y:94、K:40』。

深紅色,色票參數『C:32、M:100、Y:95、K:50』。

03 將繪製完畢的矩形色塊鎖定，避免後續編輯會影響到其他動作。選取『物件 > 鎖定 > 選取範圍』進行鎖定。

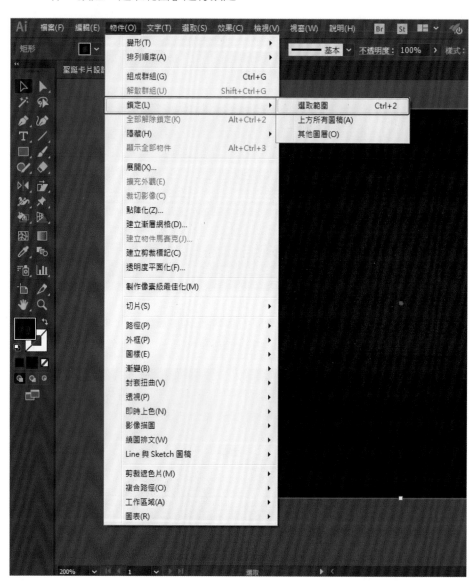

3.3 ┊ 製作聖誕樹

01 在工具列選擇『多邊形工具』 ⬡，並於工作區域畫面任意處點一下，會
跳出『多邊形』工具面板，『邊數設定為 3』，設定完畢後按下『確定』。

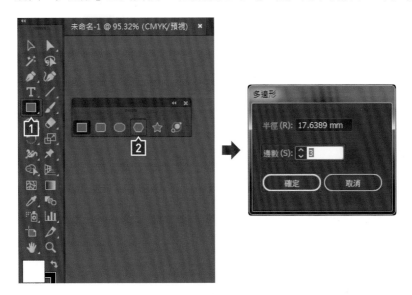

02 點選畫面中的三角形，在工具列選取『效果 > 扭曲與變形 > 鋸齒化』，將
三角形設定為鋸齒效果，輸入『尺寸：1%』『相對的選項』、『各區間鋸齒
數；31』，再點選選項『尖角』，設定完畢後按下『確定』按鈕。

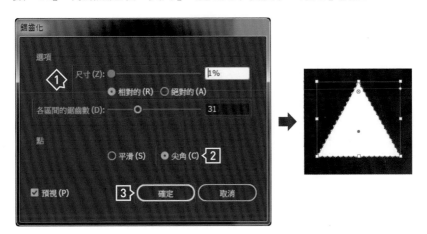

03 將完成的鋸齒狀三角形，分別複製變形兩個三角形。利用『選取工具』 ▷ 點選畫面中的三角形，按下『Alt』鍵向下拖移就能複製圖形，然後調整成如右圖的三角形大小。

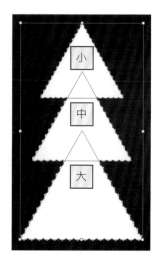

04 使畫面中的三個三角形物件對齊。同時選取三個三角形，並點選控制面板的『水平居中』 ▦ 按鈕將物件居中對齊。

05 將畫面中的三個三角形設為聯集進行編輯。選取工具列的『視窗 > 路徑管理員 > 聯集』。

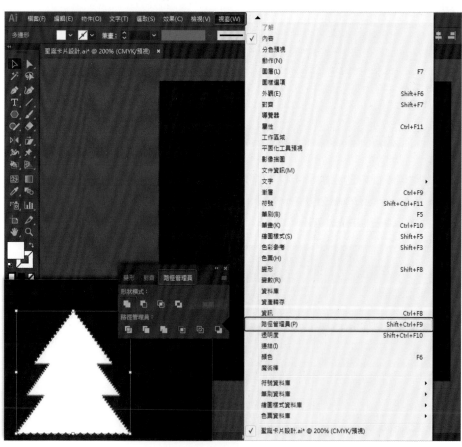

3.4 ┊ 製作聖誕標題文字

01 在工具列中選取『文字工具』 T，輸入文字，標題建議使用書寫字體較有
節慶浪漫的氛圍，文字輸入完畢後，再利用『選取工具』點選畫面中的
Merry Christmas，按下滑鼠右鍵『建立外框』，將一般文字轉變成物件來
編輯。

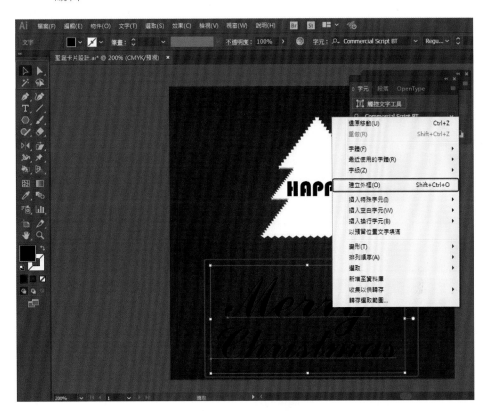

02 重新填入漸層顏色，點選『漸層工具』 ■ 兩下，展開『漸層面板』重新
填色。

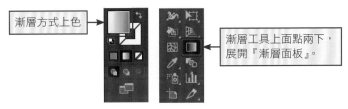

漸層方式上色

漸層工具上面點兩下，
展開『漸層面板』。

03 展開『漸層面板』，設定『漸層類型：線性』，點選『漸層滑桿』，再修改漸層顏色，將顏色修改為帶有金屬感的黃金顏色。

點選此處『漸層滑桿』。

點選此處兩下，修改顏色，請輸入色票參數『C：1.57、M：6.27、Y：21.9、K：0』。

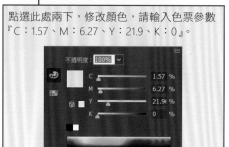

點選此處兩下，修改顏色，請輸入色票參數『C：42.75、M：44.7、Y：100、K：0』。

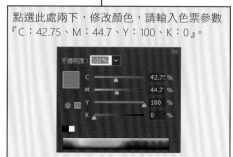

3.5 ∶ 文字上方的鹿角製作

01 在工具列找尋『點滴筆刷工具』 ，在『點滴筆刷工具』上點擊兩下，展開『點滴筆刷』工具面板。

『點滴筆刷工具』上面點兩下，展開『點滴筆刷工具面板』。

02 展開『點滴筆刷工具』面板，修改參數『尺寸：3pt、角度：0度、寬度：100%』，調整完畢後按下『確定』。

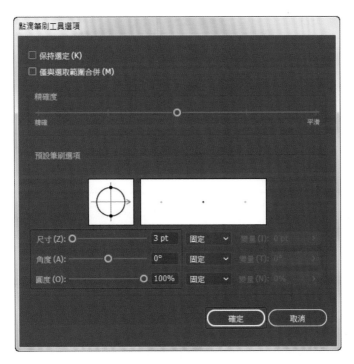

03 修改工具列中的顏色為『漸層顏色』，並且利用『點滴筆刷工具』，繪製文字上方的鹿角圖樣。

框選處皆是使用『點滴筆刷工具』刷上鹿角效果。

04 編輯鹿角以及文字，建議將鹿角以及文字變成同一個物件編輯較為方便。
選取『視窗 > 路徑管理員 > 聯集』，將繪製完畢的兩個圖案聯集變成一個
物件。

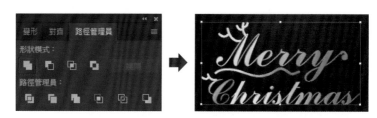

01 標題文字設計，建議使用較粗黑的字體較明顯。點選『文字工具』 ◻ 輸
入文字，將文字設定為粗黑字體，再點選『選取工具』 ◻ ，按下滑鼠右
鍵選擇『建立外框』，建立外框後的文字才可以進行漸層顏色編輯。

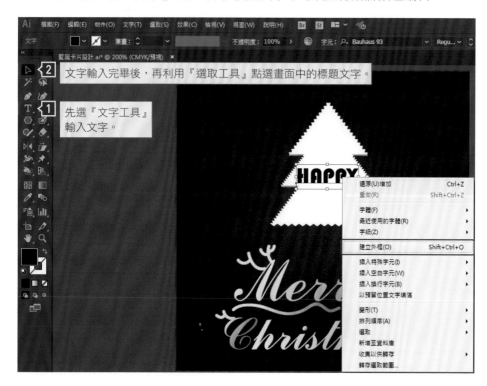

02 將現有的深紅顏色套用於標題文字，利用工具列中的『檢色滴管工具』
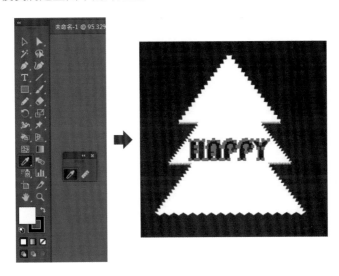 複製滴選畫面中的深紅色。

3.7 ： 聖誕禮物球製作

01 在工具列中選取『橢圓形工具』◯ 並按住
『Shfit』鍵不放，繪製一個正圓形，然後重新
填色為紅色 ●。

02 利用『選取工具』▷ 點選畫面中的圓形，按
下『Alt』鍵拖移複製，將複製的色塊重新填
色為其他顏色，以方便後面剪輯動作，並且
將複製的圓形覆蓋在原有的圓形上方。

03 現在要減去上層色塊，利用『選取工具』同時選取繪製完成的兩個圓形，點選『視窗 > 路徑管理員』再點選『形狀模式：減去上層』。

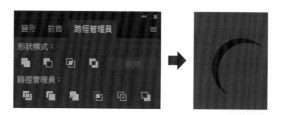

04 接著利用『橢圓形工具』 並按住『Shift』鍵不放再繪製一個正圓形，並且重新填色為深紅色，將剛才繪製完成的減去上層色塊修改為粉紅淺色，並將物件排列順序移至最前方，點選畫面中物件，按下滑鼠右鍵『排列順序 > 移至最前面』。

完成

05 再使用『橢圓形工具』 繪製一個正圓形，利用『選取工具』 點選圓形並按下滑鼠右鍵『排列順序 > 移至最後』，將圓形移到畫面的最下層。

06 在圓形球體上面穿孔,利用『橢圓形工具』 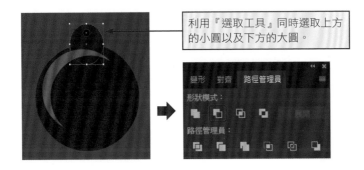 繪製一個正圓形,將繪製
完成的小圓蓋在最上層,再同時選取上方的小圓以及下方的大圓,點選
『視窗 > 路徑管理員 > 形狀模式:減去上層』,將上方小圓挖掉。

利用『選取工具』同時選取上方
的小圓以及下方的大圓。

07 此時減去上層後的圓形會在畫面最上方,利用
『選取工具』  點選物件,按下滑鼠右鍵『排列
順序 > 移至最後』。

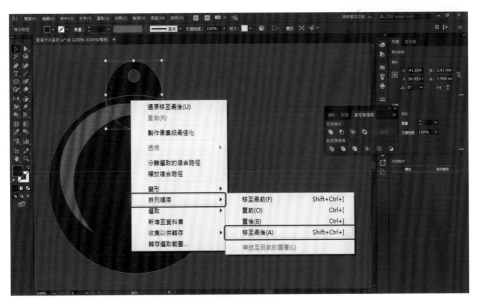

08 再將物件群組為一個物件編輯，同時選取畫面中完成的圓形物件，按下滑鼠右鍵設為『群組』。

3.8 複製多個禮物球

『選取工具』 點選畫中的禮物球，按住『Alt』鍵不放，拖移複製禮物球。

3.9 ┊ 快速修改禮物球顏色

01 利用『選取工具』 ▶ 點選畫面中已完成的圓球,再點選『重新上色圖稿』
⚫ 重新填色。上色要以同色系為主,點選『編輯』選項進入編輯顏色,
以一個深色為主色,左上角較亮的顏色為反光色塊,設定完後按下『確
定』。

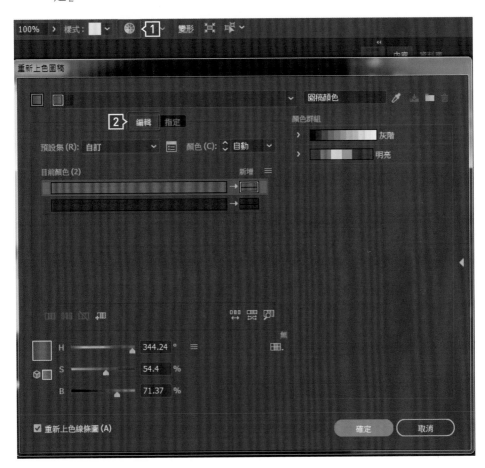

02 將繪製完成的禮物球快速修改顏色，點選畫面中的『圓形符號』，調整移動位置，顏色調整完畢後按下『確定』按鈕。

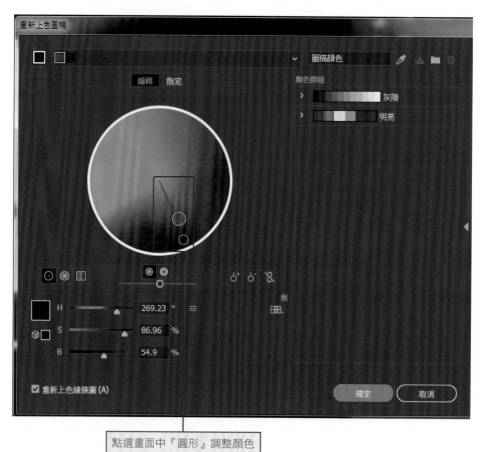

點選畫面中『圓形』調整顏色

03 也可以設定『指定』選項，在色塊上點兩下以重新填色，調整完後按下『確定』按鈕即可。

Photoshop × Illustrator × InDesign 商業平面設計一次搞定

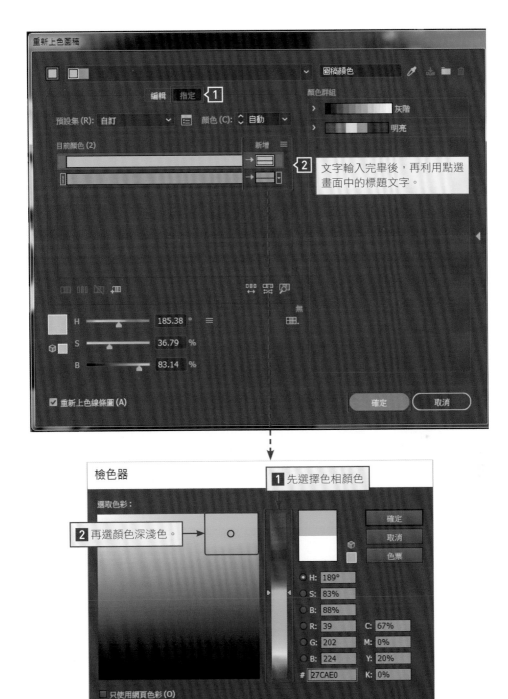

3.10 ∶ 雪花製作

01 選取『點滴筆刷工具』 並且重新填色為白色 。再利用『點滴筆刷工具』於圖片上點兩下展開『點滴筆刷工具選項』面板，調整『尺寸為10pt』，按下『確定』。

2 『點滴筆刷工具』上面點兩下，展開『點滴筆刷工具面板』。

3 『填色』上面點兩下將顏色修改成白色顏色。

檢色器

選取色彩：

確定
取消
色票

H: 0°
S: 0%
B: 100%
R: 255　C: 0%
G: 255　M: 0%
B: 255　Y: 0%
白色顏色請輸入參數
『C：0、M：0、Y：0、K：0』。
FFFFFF　K: 0%

□ 只使用網頁色彩 (O)

02 利用『選取工具』 ▷ 點選已完成的圓形，我們要製作模糊效果好讓圓形看起來有暈開來的感覺，因此點選『效果 > 模糊 > 高斯模糊』。

03 展開『高斯模糊』面板調整『模糊參數為 10 像素』，然後按下『確定』。

04 最後再利用『選取工具』 ▷ 點選畫面中的白色圓形，按下『Alt』鍵不放以拖拉複製出其他白色圓形，複製的同時可以隨性調整圓形大小，使其佈滿整個畫面，即可營造出下雪的場景效果。

Box

常見的色彩搭配

色彩學的搭配,可以利用著名的色彩學大師約翰斯、伊登(Johannes Itten,1888~1967),在其著作《色彩論》說提出的伊登色相環來說明。

【伊登色相環】

伊登色相環是由正中間三角形為主(即三原色紅、黃、藍)。由黃＋紅為橘、紅＋藍為紫、藍＋黃為綠,搭配產生側邊的三角形,將中央的圖形變成一個六邊形。再連接六邊形端點畫一個外接圓,將外接的圓環分成12等分,圓環碰觸六邊形端點的部分則塗上相對應的顏色。未碰觸端點的部分,則為兩旁色塊的相融色。

伊登色相環圖片連結

https://zh.wikipedia.org/wiki/%E8%89%B2%E7%92%B0

【類比色】

利用色環鄰近顏色配色,以色環角度約 36 度以內的顏色搭配,適合產生低對比度的協調感。如下圖所示:

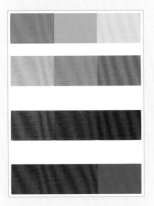

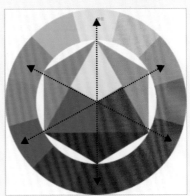

【互補色】

色環 180 度顏色配色，是較為活潑、有活力的配色感。

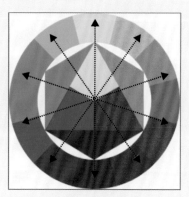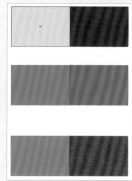

【單色配色】

除了上述兩種方式，也可以利用單一顏色，改變色彩的暗部、中間、亮部
數值變化，即可得到濃淡的色彩變化。

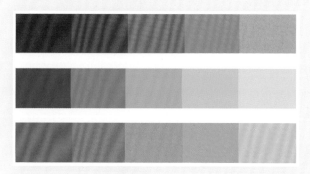

MEMO

Lesson 4

情人節卡片設計

📝 **設計概念** 使用暖色調色系，設計可愛風格的情人節卡片，情人節的設計元素較常見的有禮物、愛心、熊熊、甜美的粉色系等，本章將使用以上元素來設計一款節慶的卡片設計。

🖥 **軟體技巧** 全部範例均使用 Illustrator 來設計製作，利用軟體內的符號元件，快速設計出愛心圖樣。設計完畢之後再建立符號元件，並善加利用符號元件製作卡片背景圖片。主角熊熊則是以橢圓形工具完成，並使用網格方式上色，讓熊熊看起來更加立體，標題文字使用兩個文字製作疊字效果，讓字體看起來更明顯。

💿 **檔　　案** Chapter 03 \ 範例完成品 \ 情人節卡片設計 .ai

⚙ **應用軟體** Ai Illustrator

Completed

設計流程

加入愛心符號元件，利用網頁圖示元件製作符號。

利用即時上色油漆桶工具填入漸層顏色，並製作陰影效果，讓物件看起來更立體。

愛情熊熊的製作，使用橢圓形工具繪製熊熊外型，再利用鋼筆工具描繪身體外型以及四肢、至於臉部表情使用線段區段工具完成。

利用網格上色讓玩偶看起來更立體。

情人節快樂標題疊字文字，分別使用一般填色以及筆畫填色製作標題文字效果。

符號建立完成後，利用符號噴灑器具，噴灑背景圖樣。

4.1 ┊ 新增尺寸

01 開啟一個工作頁面,點選『檔案 > 新增』,設定『寬度:150mm、高度:150mm、出血設定為上:3mm、下:3mm、左:3mm、右:3mm,展開進階設定:色彩模式:CMYK、點陣特效:300ppi,』設定完成按下『建立』。

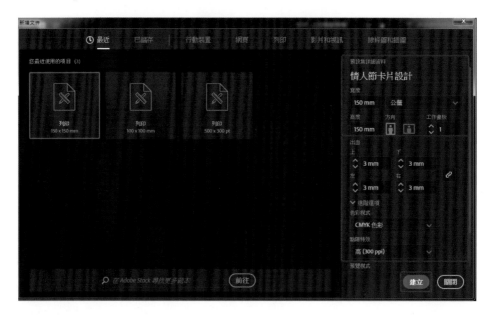

4.2 ┊ 製作漸層底色

01 使用『矩形工具』■繪製一個矩形,該矩形色塊必須貼齊出血,再點選『漸層工具』■漸層填色。第一次使用需在『漸層工具』上面點兩下,展開漸層面板,重新漸層填色,第一次上色顏色預設會是『灰階』,要將灰階轉換成『CMYK』印刷四色。

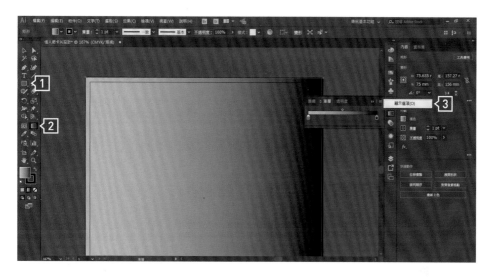

02 點選右上角『選項』 ▤ ，展開『顯示選項』，將顏色『灰階』轉成『CMYK』印刷四色後並重新填色，重新調整為粉紅色。

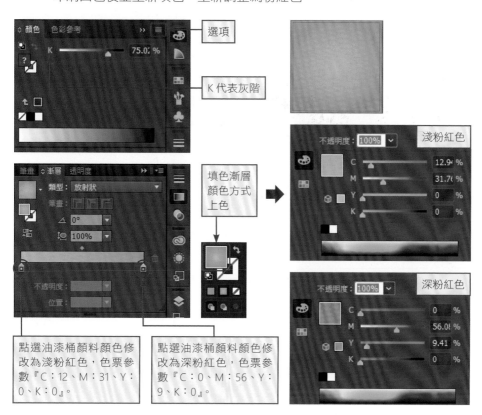

選項

K 代表灰階

填色漸層顏色方式上色

淺粉紅色

深粉紅色

點選油漆桶顏料顏色修改為淺粉紅色，色票參數『C：12、M：31、Y：0、K：0』。

點選油漆桶顏料顏色修改為深粉紅色，色票參數『C：0、M：56、Y：9、K：0』。

4.3 加入愛心符號

01 新增一個新的圖層。點選『視窗 > 圖層』按下『新增圖層』，並且在新增的圖層『圖層 2』，加入符號元件。

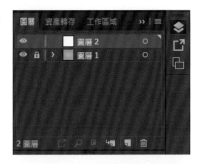

02 點選『視窗 > 符號』，展開符號面板，點選左下角『符號資料庫選單』 。

03 點選『網頁圖示』展開面板，加入愛心符號元件。

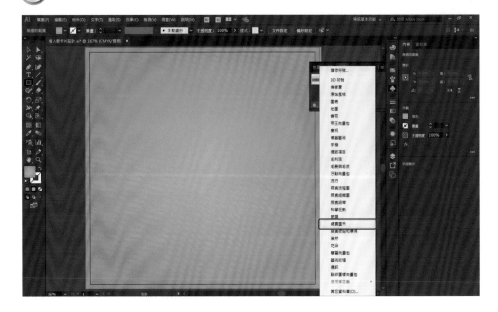

04 點選『愛心符號』，並將符號拖移於畫面中編輯。

05 點選愛心符號，在控制面板中按下『切斷連結』 切斷連結 ，將符號切斷連結後才可以編輯顏色。

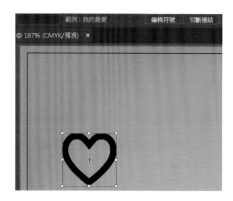

06 將物件封閉後上色，點選『物件 > 即時上色 > 製作』。

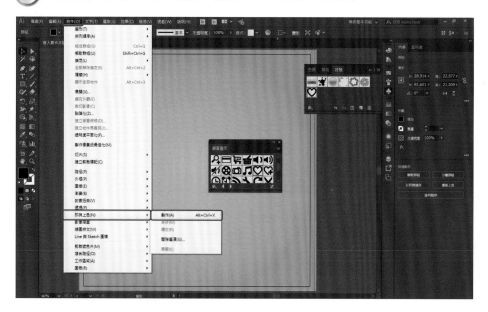

07 將物件變成封閉物件，點選工具列中『即時上色油漆桶工具』，並重新填入漸層顏色。

08 點選『視窗 > 漸層』展開『漸層面板』，並重新調整漸層顏色面板漸層色。

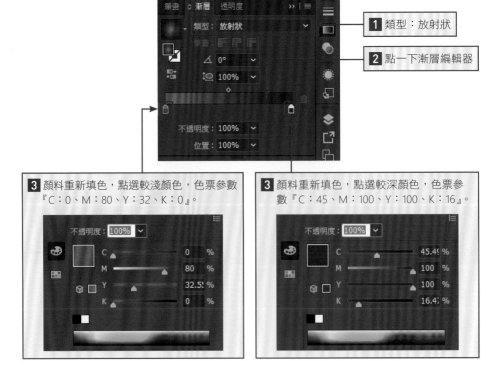

1 類型：放射狀

2 點一下漸層編輯器

3 顏料重新填色，點選較淺顏色，色票參數『C：0、M：80、Y：32、K：0』。

3 顏料重新填色，點選較深顏色，色票參數『C：45、M：100、Y：100、K：16』。

09 使用工具列中『填色方式上色』。點選工具列中『即時上色油漆桶工具』 重新填漸層顏色。

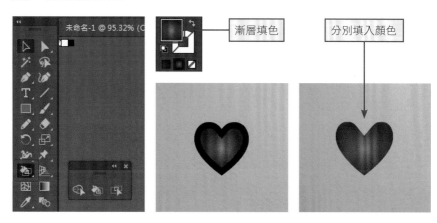

漸層填色

分別填入顏色

10 將上一步驟的愛心外層再填入漸層顏色。使用漸層面板重新填色，使用顏色較淺的粉紅色，點選工具列中『即時上色油漆桶工具』 ，重新填入漸層顏色。

使用填色方式重新填色

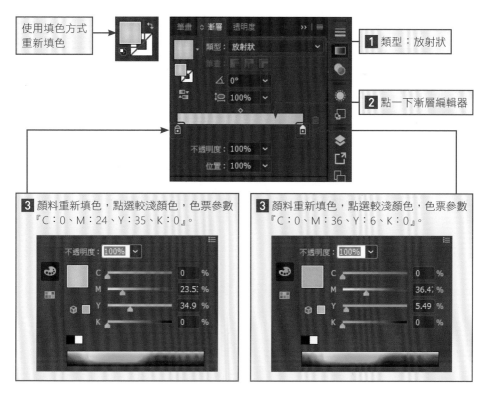

1 類型：放射狀

2 點一下漸層編輯器

3 顏料重新填色，點選較淺顏色，色票參數『C：0、M：24、Y：35、K：0』。

3 顏料重新填色，點選較淺顏色，色票參數『C：0、M：36、Y：6、K：0』。

11 其他愛心也使用『即時上色油漆桶工具』 ，利用漸層填色填入顏色。

完成圖如下。

Photoshop × Illustrator × InDesign 商業平面設計一次搞定

4.4 將填色完畢的符號元件轉變成物件

01 將畫面中已上色完成的封閉物件，變成可以解散群組的物件，以方便之後編輯使用。點選畫面中已經完成的愛心，點選『物件 > 展開』，展開物件後可以自由編輯填色。

4.5 ：製作愛心穿箭效果

01 點選工具列中的『線段區段工具』 ，按住『Shift』鍵不放並按住滑鼠左鍵拖移，可以繪製一條直線。

02 繪製三角形物件。點選『多邊形工具』 ⬡，在工作區域畫面點一下，會彈出『多邊形面板』，設定『邊數：3』設定完畢後按下『確定』。

03 繪製箭頭左邊的羽毛。利用工具列中的『線段區段工具』 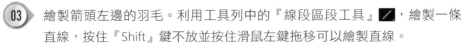，繪製一條直線，按住『Shift』鍵不放並按住滑鼠左鍵拖移可以繪製直線。

04 首先拉一條垂直參考線，方便對齊物件。點選『檢視 > 尺標 > 顯示尺標』拉出一條垂直參考線，並用『線段區段工具』 將左半邊的斜線完成，再利用『直接選取工具』 ，點選『錨點』調整局部『錨點』位置，讓每一條線條均可對齊左邊藍色參考線。

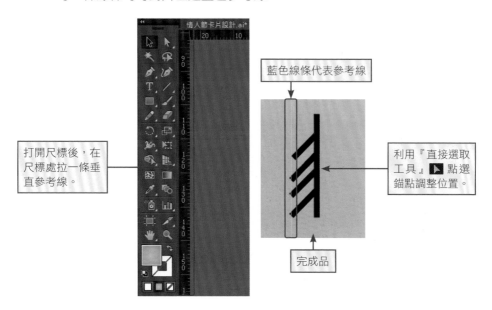

打開尺標後，在尺標處拉一條垂直參考線。

藍色線條代表參考線

利用『直接選取工具』 點選錨點調整位置。

完成品

05 左半邊的圖像完成後，再利用鏡射方式完成右半邊圖形。利用工具列中的『選取工具』 框選左半邊的線條，再點選『鏡射工具』 兩下，選擇『垂直』鏡射，按下『確定』即完成右邊圖形。

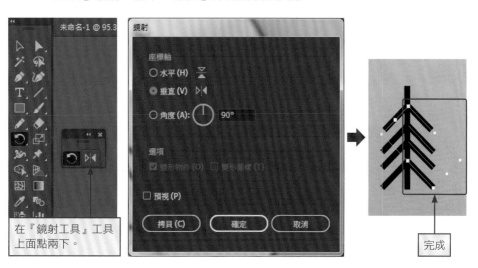

在『鏡射工具』工具上面點兩下。

完成

4.6 ┊ 製作陰影

01 框選已完成的愛心以及愛神箭，先將框選的物件群組，按下群組快速鍵『Ctrl＋G』，將物件群組之後再製作陰影。點選『視窗 > 風格化 > 製作陰影』，設定『模式：色彩增值、不透明度：75%、X 位移：2.47mm、Y 位移：2.47mm、模糊：1.76mm、修改顏色為黑色』，設定完畢後按下『確定』。

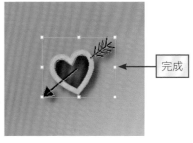

4.7 ┊ 愛情熊熊繪製 —— 臉部

01 熊熊設計幾乎都是使用橢圓形工具完成。首先繪圖圓形物件，工具列中選擇『橢圓型工具』 ，按住『Shift』鍵不放，使用滑鼠繪製一個正圓形，並於臉部重新填色。

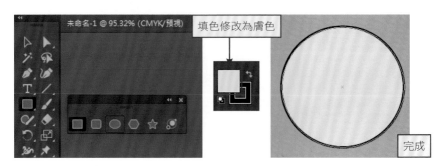

Photoshop × Illustrator × InDesign 商業平面設計一次搞定

4.8 愛情熊熊繪製 —— 左右耳朵

01 臉部完成後，再繪製左耳。點選『橢圓形工具』 ◯ 按下『Shift』鍵不放，用滑鼠繪製一個正圓形，點選『選取工具』 ▶ 選取畫面中的圓形後，按下『Ctrl + C』拷貝，接下來按下『Ctrl + Shift + V』原地貼上。複製完畢按『Shift』鍵，等比縮小其中一個圓，重新填色修改較淺的膚色，將同心圓放置於步驟 01 的圓形左上方，左耳朵即完成。

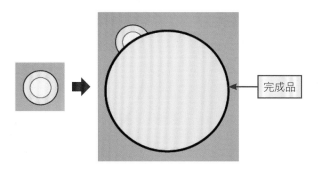

完成品

02 複製右邊耳朵，選擇『鏡射工具』 ▷◁ 點擊兩下，展開『鏡射面板』，『座標軸選垂直』、點選『拷貝』，再按下『確定』。

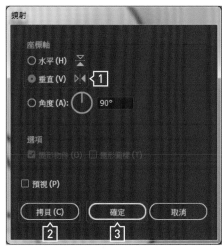

03 繼續使用『橢圓型工具』 繪製一個橢圓形，複製和耳朵內側一樣的膚色顏色，繪製完畢後利用『檢色滴管工具』 吸一下耳朵的淺色膚色顏色。

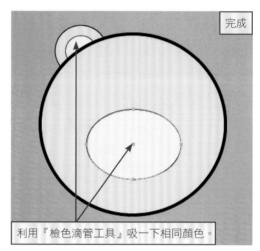

完成

利用『檢色滴管工具』吸一下相同顏色。

04 繪製鼻頭小黑點，利用『橢圓型工具』 繪製一個正圓形，重新填色較深的咖啡色。

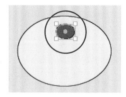

05 繪製熊中間的熊中，使用『鋼筆工具』 ，選擇不填色，使用線條上色方式上色，同時按住『Shift』鍵不放繪製一條直線條。

使用筆畫方式繪製

06 筆畫線條粗細調整，點選『視窗 > 筆畫』，設定『寬度：2pt』、『端點：平端點、尖角：尖角』。

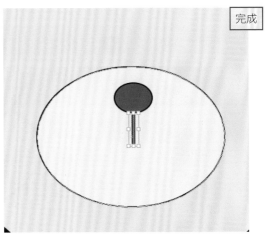

完成

4.10 愛情熊熊繪製 —— 嘴巴

01 繪製微笑嘴巴，使用『鋼筆工具』描繪外型。

Note 鋼筆工具弧線畫法，請參考光碟影音檔教學。

4.11 ┊ 愛情熊熊繪製 —— 身體

01 利用『鋼筆工具』 ✐ 分別繪製熊的手臂以及身體。

4.12 ┊ 愛情熊熊繪製 —— 左右腳

01 利用『橢圓型工具』 ◯ 繪製左腳的部分。

02 再利用『選取工具』 ▶ 點選左腳，旋轉左腳使角度左偏。

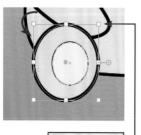

往左旋轉角度

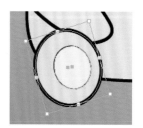

03 選擇『鏡射工具』 ▷◁ 點擊兩下，展開『鏡射面板』，設定『座標軸選垂直』，按下『確定』。

04 再利用『選取工具』 ▷ 點選鏡射完成的左腳，移至右邊。

4.13 網格上色

01 使用『選取工具』 ▷ 點選畫面中物件，使用填色方式上色。

填色方式上色

02 使用工具列中的『網格工具』 **03** 局部增加『網格錨點』。
圖 局部定點上色。

以填色方式重新修改顏色，以同色系較淺顏色為主，增加圖案亮點。

04 使用『選取工具』 ▷ 點選畫面中物件，使用填色方式上色。

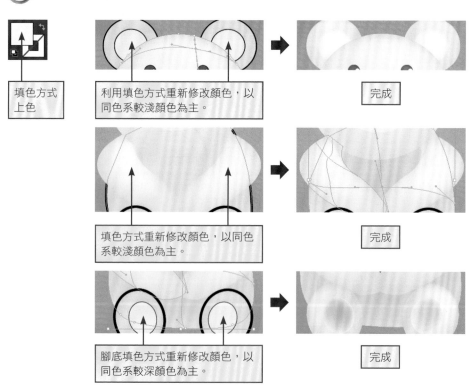

填色方式上色

利用填色方式重新修改顏色，以同色系較淺顏色為主。

完成

填色方式重新修改顏色，以同色系較淺顏色為主。

完成

腳底填色方式重新修改顏色，以同色系較深顏色為主。

完成

Note 網格上色完畢後，筆畫線條顏色會自動取消。

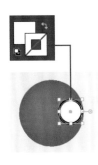

利用填色方式重新修改顏色，以同
色系較淺顏色為主。

完成

4.14 熊熊陰影製作

01 製作熊熊底下的陰影，讓畫面更有層次感。使用『橢圓形工具』 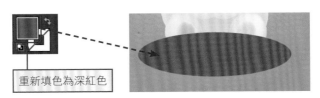，使用填色方式上色，將填色修改為紅色

重新填色為深紅色

02 製作模糊效果，點選『效果 > 模糊 > 高斯模糊』，調整『半徑為 65 像素』按下『確定』。

03 製作完畢後再將陰影物件移到熊熊後面。

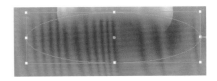

完成

4.15 ┆ 愛心光暈發光

01 製作外光暈效果,讓愛心發亮。利用『選取工具』 ▷ 點選愛心,製作效果『效果 > 風格化 > 外光暈』。

02 調整外光暈參數『模式:一般』,調整『顏色為白色,不透明度:75%、模糊:3mm』按下『確定』。

完成

4.16 ┆ 情人節快樂標題疊字文字

01 使用工具列中的『文字工具』 T 輸入 HAPPY VALENTINE'S DAY 為標題文字,輸入完畢之後,文字使用白色填色,再利用『選取工具』 ▷ 點選畫面中文字,按住『Alt』鍵不放拖移複製文字,將複製的另一組文字製作筆畫粗細上色。

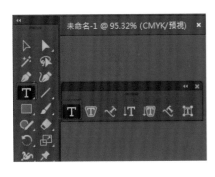

02 使用『選取工具』 ▷ 點選畫面中文字製作筆畫效果，讓文字看起來更立
體。調整線條粗細，點選『視窗 > 筆畫』調整線條粗細『寬度：9pt』，
『端點：圓角、尖角：圓角』。

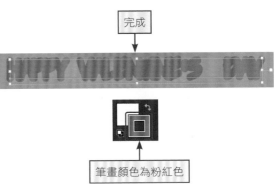

完成

筆畫顏色為粉紅色

03 調整粗細完畢後再將兩個字
重疊在一起，白色的文字在
前面、粉紅筆畫疊在下方。

疊字效果讓文字看起更立體。

4.17 符號建立

01 將背景佈滿重複符號背景,讓背景畫面看起來更活潑生動。將設計完成的愛心元件建立成符號,利用『符號噴灑器工具』 製作重複背景底圖。使用『選取工具』 先選取畫面中已經完成的愛心穿箭圖案。

02 點選『視窗 > 符號』,展開符號面板。

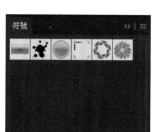

03 按下『新增符號』按鈕選項。

04 畫面會跳出『符號選項』面板,重新命名為:愛神啊,輸入完畢後按下『確定』。

05 再利用工具列中的『符號噴灑器工具』 ，隨意於畫面噴灑剛才建立完成的符號元件。

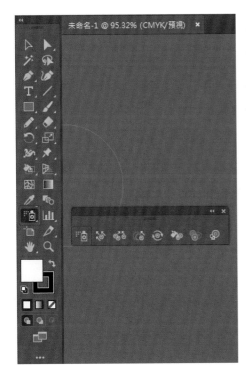

完成品如下圖。

Lesson 5

電子書排版──
東京之旅介紹
（書籍封面設計）

設計概念 設計一本旅行書封面，以日本東京為主題，使用 Lomo 相機風格設計，顏色採用復古懷舊感，重點是標題清楚、使用反白加上陰影顏色為主，再搭配同色系的副標、圖片，景點照片使用拍立得相片製作方式呈現，在照片上方使用透明紙膠帶製作成便利貼概念，呈現較為輕鬆活潑的設計氛圍。

軟體技巧 使用 Photoshop 完成書籍封面設計、使用 Lomo 相機風格設計，及拍立得相片便利貼效果，都會運用到圖層樣式，其中透明便利貼使用了鋼筆工具中的『增加錨點』功能製作。

檔　　案 Chapter 05 / 素材 / 1 (1)~1(10).JPG
Chapter 05 / 素材 / 標題 .JPG

應用軟體 Ps Photoshop

Completed

拍立得照片效果製作，利用圖層樣式建立效果。

建立圖層樣式物件，並套用圖層樣式於其他照片。

利用文字工具輸入文字，再利用圖層樣式製作立體陰影效果。

Lomo 相片風格製作，利用漸層工具，使用透明漸層製作四邊透明漸層效果。

透明紙膠帶設計，利用矩形工具繪製一個矩形色塊後，再利用增加錨點方式增加錨點移動調整，再調整不透明度。

5.1 ⋮ 新增尺寸

01 在 Photoshop 新增一個工作畫面,『單位:公厘,寬度:210 公厘、高度:297 公厘,解析度:72 像素 / 英吋、色彩模式:RGB 色彩,背景內容:白色』、設定完畢後按下『建立』。

02 將圖檔置入,點選『檔案 > 置入智慧型物件』,點選檔案 1 (10).JPG,將圖片置入於新增的畫面。

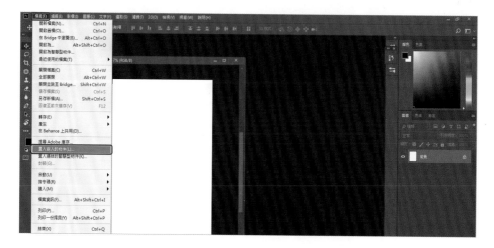

03 圖檔置入後按下『Shift』鍵，可將圖檔等比例放大。

按住『Shift』鍵不放，並用滑鼠拖移對角線即可等比放大。

5.2 Lomo 相片風格

01 製作圖片暗角 Lomo 相片風格，讓圖片看起來更有層次感。選擇工具『漸層工具』■，在控制面板調整漸層類型。

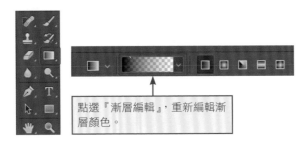

點選『漸層編輯』，重新編輯漸層顏色。

02 製作 Lomo 相片邊緣漸層半透明效果，點選預設集『前景到透明』選項。

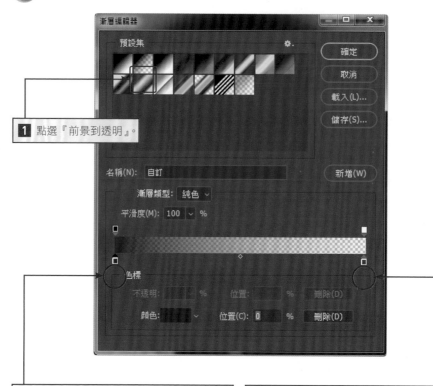

1 點選『前景到透明』。

2 點選畫面中『色標』顏料修改顏色為深藍色，此處『色標』100% 完全不透明、色票顏色分別為『C：75、M：60、Y：20、K：0』。

3 點選畫面中『色標』顏料修改顏色為深藍色，此處『色標』0% 完全透明、色票顏色分別為『C：75、M：60、Y：20、K：0』。

03 顏色調整完畢後，於控制面板點選『線性漸層』，並在圖層內新增一個空白圖層為『圖層 1』，在新增的空白圖層內拉出漸層。

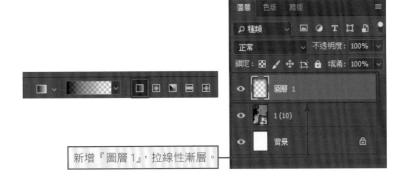

新增『圖層 1』，拉線性漸層。

完成品如下圖。

順著箭頭方向拉漸層

順著箭頭方向拉漸層

順著箭頭方向拉漸層

順著箭頭方向拉漸層

04 利用多層漸層效果，讓畫面中的漸層看起來更立體。再新增一個空白圖層『圖層 2』，於控制面板中再次編輯漸層顏色，重新設定一個綠色透明漸層，選擇工具『漸層工具』，於控制面板調整漸層類型。

05 顏色調整完畢後，於控制面板點選『線性漸層』，並在圖層內新增一個空白圖層為『圖層 2』，在新增的空白圖層內拉漸層。

06 製作 Lomo 相片邊緣漸層半透明效果，點選預設集『前景到透明』選項。

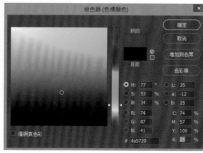

1 新增空白圖層『圖層 2』，並在此處拉『前景到透明的線性漸層』。

3 修改漸層顏色為綠色，0% 透明綠色、色票顏色分別為『C：74、M：57、Y：100、K：25』。

2 修改漸層顏色為綠色，100% 不透明綠色、色票顏色分別為『C：74、M：57、Y：100、K：25』。

新增空白圖層『圖層 2』，並在此處拉『前景到透明的線性漸層』。

完成（1）：

順著箭頭方向拉漸層

順著箭頭方向拉漸層

順著箭頭方向拉漸層

順著箭頭方向拉漸層

完成（2）：

電子書封面設計.psd @ 66.7% (圖層 1, RGB/8) *

66.67%　文件: 1.43M/6.83M

使用漸層工具，由下往上拉漸層。

5.3 ： 書籍封面標題字設計

01 開啟資料夾內「素材 > 標題 .jpg」的圖檔，選取畫面中點陣圖片，『選取 > 顏色範圍』。

02 點一下畫面中白色底色，選擇白色底色比較容易選取，『朦朧的參數設定為 200』，參數越高選取範圍越多，設定完畢後按下『確定』按鈕。

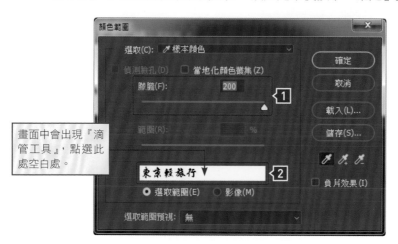

03 將選取範圍反轉，即可選取文字。按下『選取 > 反轉』，讓選取範圍為文字後，按下圖層中的『增加遮色片』，將背景去除。

增加遮色片

完成圖如下。

5.4 ：製作標題圖層樣式效果

01 點選畫面中物件『移動工具』 ，利用控制面板中的『自動選取』點選 『圖層』，點在文字圖片上，將文字拖移到完稿畫面。

02 將滑鼠移至文字圖層上，並按左鍵兩下，畫面會展開製作圖層樣式。

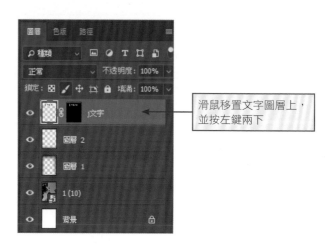

滑鼠移置文字圖層上， 並按左鍵兩下

03 展開『圖層樣式』面板後，將『顏色覆蓋』選項打勾，修改顏色覆蓋中的『顏色為白色』。

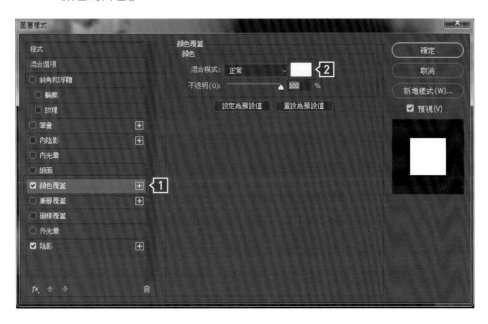

04 再於圖層樣式面板中將『陰影』選項打勾，在文字下方製作下落式陰影，修改完畢後按下『確定』按鈕。

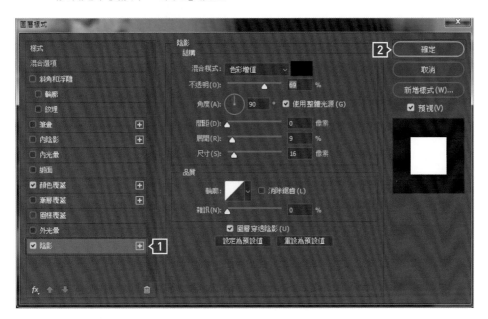

完成圖如右。

5.5 ┊ 拍立得照片效果製作

01 點選『檔案 > 置入嵌入連結物件』或『檔案 > 置入嵌入智慧型物件』，將圖片置入後再製作拍立得照片效果，點選資料夾內「素材 1(1).jpg~1(10).jpg」。

02 在照片圖層按下滑鼠左鍵兩下編輯圖層樣式。於『陰影』選項打勾，調整 『陰影顏色為黑色，混合模式：色彩增值、不透明度為 68%、角度：90 度、間距：0 像素、展開：9%、尺寸：16 像素』。

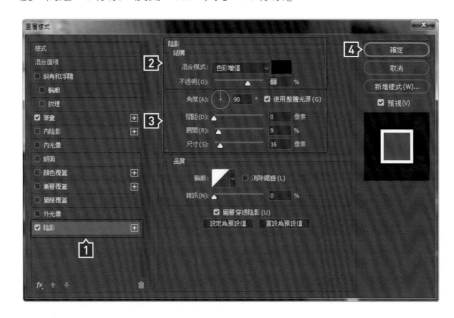

03 繼續製作圖層樣式，在『筆畫』選項打勾，『尺寸：6 像素、位置：內部、 顏色：白色』，調整完畢後按下『確定』按鈕。

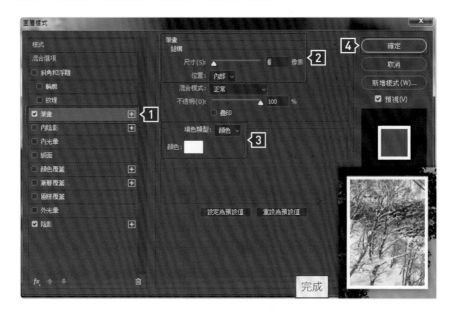

5.6 ∶ 建立物件樣式

01 建立物件樣式。滑鼠移至文字圖層上，並按左鍵兩下可以將設計完成的樣式，快速套用在其他圖層。在已調整過樣式的圖層或照片，點選『視窗 > 樣式』，建立『物件樣式』。

02 展開『新增樣式』面板，重新命名『名稱：樣式1』，調整完畢後按下『確定』。

03 點選畫面中其他照片，並套用剛建立完成的拍立得照片效果。利用『選取工具』點選畫面中圖片，再點選『樣式面板』中剛才建立的樣式，套用剛才建立完成的『樣式1』。

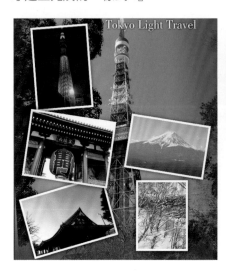

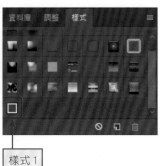

樣式1

5.7 ：拍立得相片輸入文字

01 在原來的照片下方製作一個白色矩形色塊，選擇『矩形工具』 ，於控制面板中選『形狀』、填滿顏色選擇『白色』，筆畫顏色不上色。

02 將色塊繪製在圖片下方。

03 選擇『文字工具』 ，於畫面點一下輸入文字，輸入完畢後，用工具列中的『移動工具』移動文字至白色色塊上方。

完成品 ⟶ 越後湯澤

5.8 透明紙膠帶製作

01 製作黏貼在照片上方的透明膠帶，建議使用較淺的顏色比較能呈現出高雅效果，由於畫面中的透明紙膠帶會產生很多個物件圖層，建議新增一個『群組 1』資料夾，將相同的物件放在群組資料夾內。點選圖層中的『新增群組』新增一個資料夾。

02 利用工具列中的『移動工具』 ，於控制面板中『自動選取』選項打勾，再選擇『群組』，方便點選群組物件。

03 利用工具列中的『矩形工具』 ，於控制面板中選擇『形狀』，填滿選擇『黃色』、筆畫選擇『無色彩』，繪製一個矩形。

04 利用工具列中的『增加錨點工具』 ，在矩形上增加『錨點』。

增加錨點

增加錨點

05 增加錨點完畢後，再利用『直接選取工具』 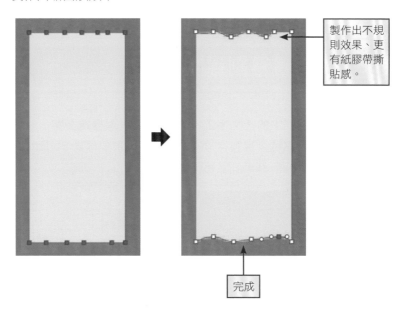 點選『錨點』，調整錨點位置，製作出鋸齒狀效果。

製作出不規則效果、更有紙膠帶撕貼感。

完成

06 製作完畢之後製作一點陰影，讓物件看起來更立體。在圖層上面按下滑鼠左鍵兩下，進入編輯『圖層樣式』，修改陰影參數『混合模式：色彩增值、顏色為黑色，角度：90 度、間距：0 像素、展開：9%、尺寸：7 像素』，設定完畢按下『確定』按鈕。

5.9 ⋮ 書籍副標製作

01 使用工具列中的『文字工具』 **T**，輸入副標題文字，輸入完畢反選畫面中文字，點選『視窗 > 字元』，調整『字型樣式 Bodoni Bk BT/Book、字體級數大小為 36pt、字元距離為 0』。

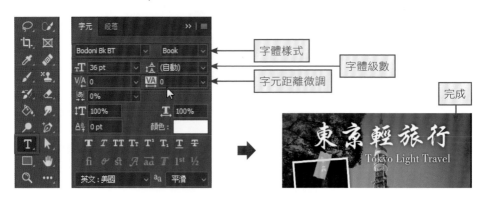

Photoshop × Illustrator × InDesign 商業平面設計一次搞定

5.10 ┊ 將書籍刊物製作外框

01 在工具列中選擇『矩形工具』 ▣，並在控制面板中選擇『形狀』、填滿：不上顏色、筆畫：黃色，筆畫粗細：20 像素』，繪製一個矩形貼齊外框邊界。

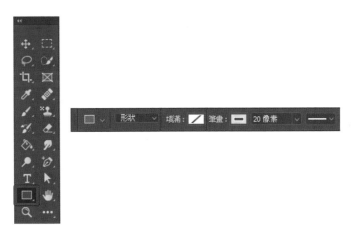

完成圖如下。

Lesson 6

電子書排版——
東京之旅介紹 /
InDesign主版設計
（內頁設計）

▽ **設計概念** 設計風格以極簡主義為主，由於主題單元不同，使用不同顏色來標示
主題內容及頁眉設計。

▣ **軟體技巧** 於 Illustrator 編輯內頁，完成後再置入 InDesign 整合。

✎ **檔　案** Chapter 06 / 素材 / 1.JPG
Chapter 06 / 素材 / 內頁文字（記事本檔案）
Chapter 06 / 素材 / 文字（記事本檔案）
Chapter 06 / 素材 / 各地地名 .JPG
Chapter 06 / 素材 / 電子書封面設計 .PSD
Chapter 06 / 素材 / 目錄 .ai
Chapter 06 / 素材 / 頁眉設計 _ 工作區域 1.ai
Chapter 06 / 素材 / 頁眉設計 _ 工作區域 1 複本 .ai
Chapter 06 / 素材 / 頁眉設計 _ 工作區域 1 複本 2.ai
Chapter 06 / 素材 / 頁眉設計 _ 工作區域 1 複本 3.ai
Chapter 06 / 素材 / 頁眉設計 _ 工作區域 1 複本 4.ai
Chapter 06 / 素材 / 頁眉設計 _ 工作區域 1 複本 5.ai
Chapter 06 / 素材 / 頁眉設計 _ 工作區域 1 複本 6.ai

⚙ **應用軟體** Ai Illustrator、 Id InDesign

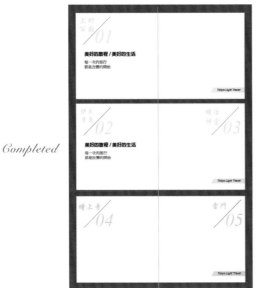

Completed

利用 Illustrator 影像描圖，將向量轉換成點陣圖，再重新編輯顏色。

利用 Illustrator 設計書籍頁首頁尾。

利用 Illustrator 製作書籍內多頁面的頁眉設計。

利用 Illustrator 製作書籍內多頁面的目錄設計。

讓文字看起來更立體，使用 Illustrator 製作陰影效果。

利用 InDesign 設計主版面設計。

套用封面設計，將設計完成的封面檔案，置入 InDesign 內使用。

在 InDesign 內編輯目錄頁面設計。

在 InDesign 編輯主要版面設計，再套用在頁面內使用。

6.1 ：新增尺寸

01 設定一個電子書型錄的版型，使用 Illustrator 新增畫面『檔案 > 新增』，設定『寬度：420mm、高度：210mm、出血：0mm、色彩模式：RGB、點陣特效：72ppi』，設定完成後按下『建立』。

6.2 ⋮ 顯示尺標功能

01 點選『檢視 > 尺標 > 顯示尺標』，開啟尺標後拉出參考線。

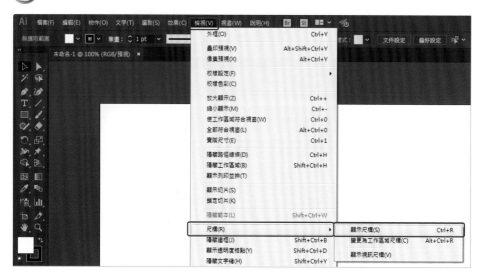

02 在尺標處拉一條垂直參考線。

『尺標處』壓住往右拖移一條垂直參考線。

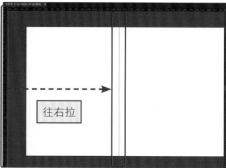

往右拉

03 設定垂直參考線位置，點擊拖移出的垂直參考線，即可出現控制視窗，在視窗上輸入『X:210mm』按下『Enter』確定。

Photoshop × Illustrator × InDesign 商業平面設計一次搞定

6.3 ⋮ Illustrator 影像描圖向量圖轉換成點陣圖

01 點選『檔案 > 置入』，選擇資料夾內『Chapter 06 / 素材 / 各地地名 .JPG』
將圖檔置入，選取圖片按下『影像描圖』，將點陣圖片轉換成向量圖。

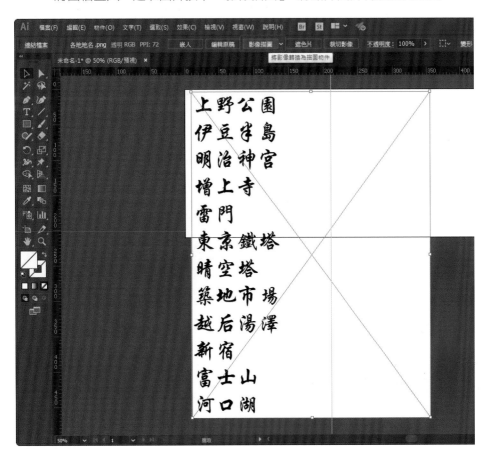

02 影像描圖完畢後，點選工作介面上方『影像描圖面板』 ▦ 調整向量圖參
數。

03 展開『進階』選項輸入參數，『路徑：50%、轉角：75%、雜訊：1px』，將『忽略白色』選項打勾，可以將背景白色刪除。

04 去除背景後點選『▇▇▇展開▇▇▇』，將圖檔展開後可以修改文字顏色。

05 將群組的文字物件解散，變成單一文字來編輯，按下滑鼠右鍵『解散群組』。

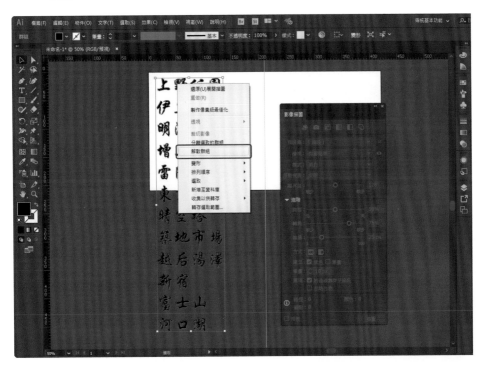

06 『選取工具』點選畫面中文字，重新填入顏色『 ■ 』。

07 由於第一次上色，顏色都會是『灰階』，所以要先將『灰階』修改為『彩色顏色』。點選『視窗 > 顏色』。展開『顏色面板』後，右上角的『選項』 ☰ 點一下『顯示選項』，將『灰階』修改為『RGB』彩色顏色。

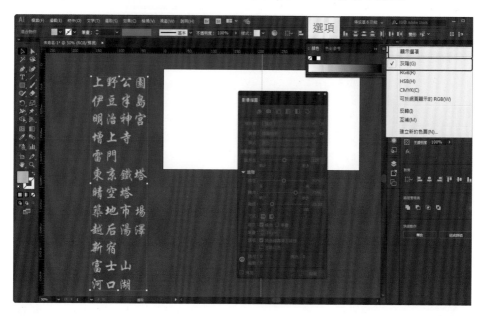

08 點選『RGB 顏色』轉換為彩色，並且重新『填色』。

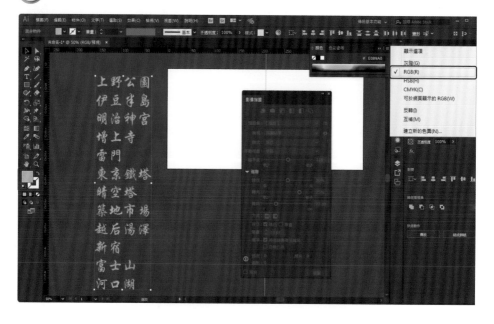

09 再利用『選取工具』 ▶ 框選畫面中的文字，將主題文字設為群組。選取所需的文字後，按下滑鼠右鍵『群組』。

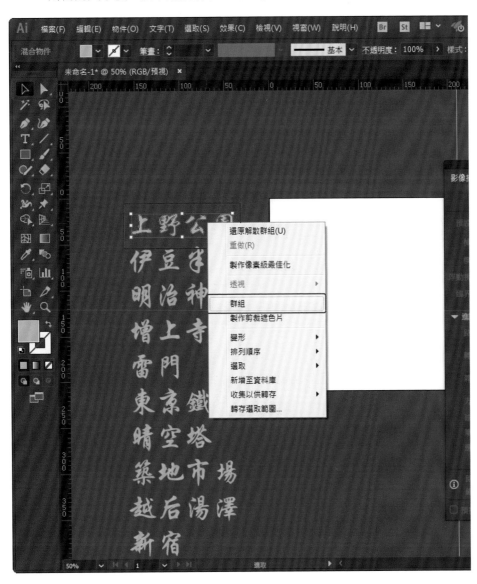

01 利用『線段區段工具』 ▨ 繪製斜線。

02 調整線條粗細,『視窗 > 筆畫』展開『筆畫面板,寬度:2pt』。

03 接下來輸入文字,點選『文字工具』 **T**,於畫面點一下輸入文字,再利用字元視窗調整字型大小以及文字樣式,點選『視窗 > 文字 > 字元』,展開『字元面板』。

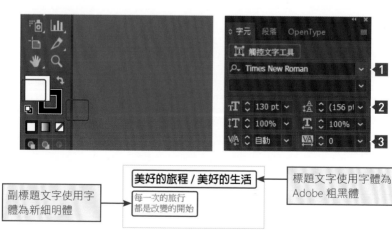

04 繪製書籍右下方頁眉色塊，利用『矩形工具』  畫一個長方形，並填入顏色為黃色。

05 利用『直接選取工具』 做出斜角。

06 於工具列點選『文字工具』 ，於空白處輸入文字，再用『選取工具』 移動文字位置，將文字置放在黃色矩形色塊上方。

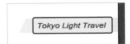

完成圖如下。

6.5 ┊ Illustrator 編輯多個工作區域

01 編輯多個工作區域，將已完成的一個工作區域複製多組，再進行修改版型內容以及顏色，選擇工具列中『工作區域工具』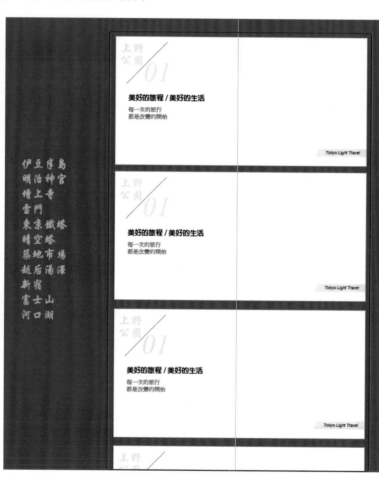，按住『Alt』鍵不放拖移，將工作區域往下複製。

6.6 : Illustrator 工作區域重新上色

01 　將工作區域內的文字以及色塊重新上色，利用『選取工具』 框選畫面中所有物件。

02 　使用介面上方的控制面板中的『重新上色工具』 ，於色塊上點選兩下，重新編輯顏色。

按一下此處點兩下，重新
編輯色塊填色。

完成圖如下。

將每個工作區域
修改顏色

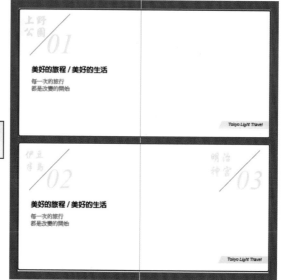

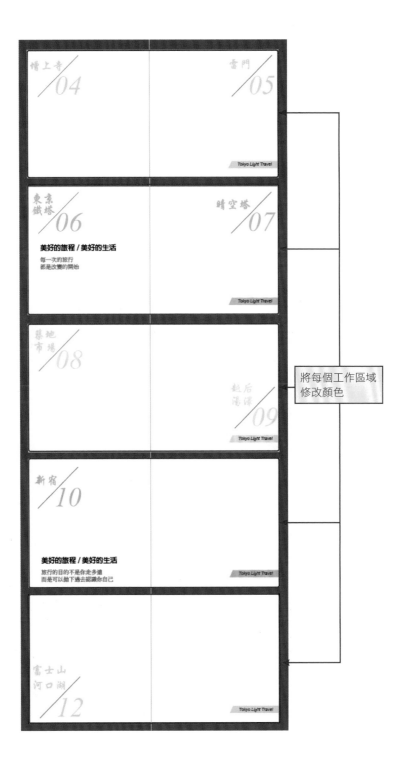

將每個工作區域
修改顏色

6.7 ╎ 將多個工作區域檔案儲存單一頁面

01 儲存設計完成的多個工作區域，點選『檔案 > 另存新檔』檔案名稱命名
為『頁眉設計』、『存檔類型：Adobe Illustrator(*.AI)』儲存原始檔案格式。

02 『將每個工作區域儲存至不同檔案』該選項打勾，可以將每個工作區域檔
案分別儲存，按下『確定』即可。

6.8 · Illustrator 目錄設計

01 在 Illustrator 軟體內製作單頁目錄頁面。點選『檔案 > 新增』，開啟『新增文件』視窗，設定『寬度：420mm、高度：210mm、出血：0mm、色彩模式：RGB、點陣特效：72ppi』，設定完成後按下『建立』，新增一個頁面。

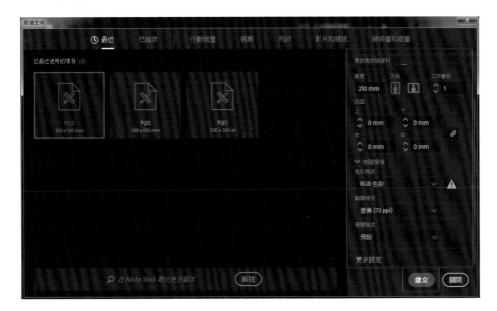

02 點選『檢視 > 尺標 > 顯示尺標』，開啟尺標並拉出參考線。

03 在尺標處拉出一條垂直參考線。

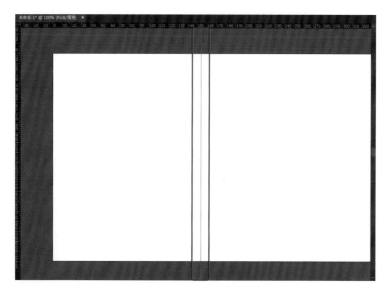

04 設定垂直參考線位置。點擊參考線，在『視窗 > 變形』中，輸入『X:210mm』。

05 點選『檔案 > 置入』，選取資料夾內『Chapter 06 / 素材 / 1.JPG』將圖檔置入。

06 利用『線段區段工具』  繪製斜線。

07 調整線條粗細，點選『視窗 > 筆畫』展開『筆畫面板，寬度：2pt』。

08 『利用文字工具』  輸入文字。

09 利用『選取工具』 ▶ 點選畫面中的英文，展開字元面版，調整字形樣式以及文字字元間距，點選『視窗 > 文字 > 字元』，設定文字樣式『英文字型 Time New Roman、文字大小：61.12pt、字元距離：0』。

10 利用『選取工具』 ▶ 點選畫面中的中文，展開字元面版，調整字形樣式以及文字字元間距，點選『視窗 > 文字 > 字元』，設定『中文字型：Adobe 繁黑體 Std B、字型大小：51.79pt、字元距離：600』。

11 利用『選取工具』 ▶ 點選畫面中的中文，調整字形樣式以及文字字元間距，展開字元面版，點選『視窗 > 文字 > 字元』，設定『中文字型 Adobe 繁黑體 Std B、字型大小：36.9pt、字元距離：-50』。

6.9 Illustrator 製作文字陰影效果

01 為畫面中的文字製作陰影效果，讓文字看起來更立體。使用『選取工具』
選取畫面中的文字，點選『效果 > 風格化 > 製作陰影』，即可展開陰影
效果面板。修改陰影參數『模式：色彩增值、不透明度：60%、X 位移：
0.5mm、Y 位移：0.5mm、模糊：1mm』，修改顏色為『黑色』按下『確
定』。

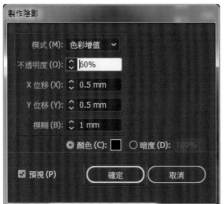

02 製作完畢後儲存檔案，點選『檔案 > 另存新檔』，『檔案名稱：目錄設
計、存檔類型：Illustrator(*.Ai)』，輸入完畢按下『存檔』。

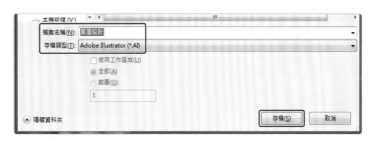

01 利用 InDesign 整合 AI 以及 Photoshop 編輯的檔案。開啟 InDesign 軟體，新增一個檔案頁面，點選『檔案 > 新增 > 文件』。

02 ▶ 選擇『列印』選項，尺寸選擇『A4』，『檔案名稱：東京之旅 - 旅遊書設計、方向：直式、頁數：20』。

03 ▶ 點選『邊界和欄』選項按鈕。

04 展開『新增邊界和欄』面板，設定『邊界上：10mm、內：10mm、下：10mm、外：10mm』設定完成後按下『確定』。

05 重新修改使用者介面為『印刷樣式』，該樣式面板較符合編輯書籍或是編輯電子刊物使用。

04 點選『視窗』展開『視窗面板』，於頁面『第一頁』的位置點擊兩下，進入編輯，第一頁設定為書籍的封面。

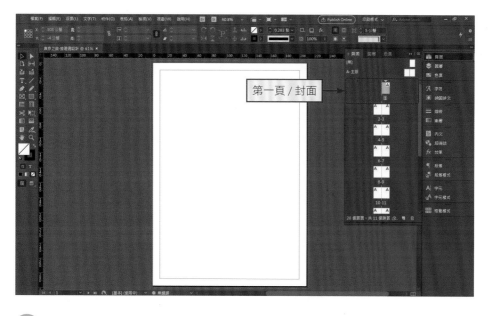

第一頁 / 封面

05 首頁會預設套用『A主版設計』，由於我們不需要套用任何主版設計，故點選畫面上的『無』，向下拖移至第一頁，即可完成設定。

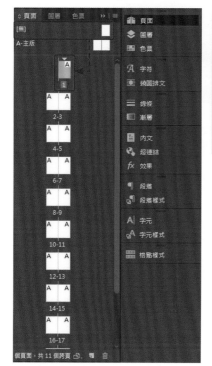

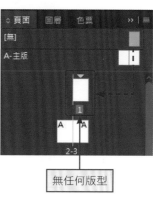

無任何版型

06 首頁設定完畢，最後一頁也不需要套用主版。點選頁面第 20 頁兩下進入
編輯，再將主版中的『無』拖移套用到 20 頁。

點選『無主版』拖拉
到 20 頁，套用到 20
頁使用『無主版』。

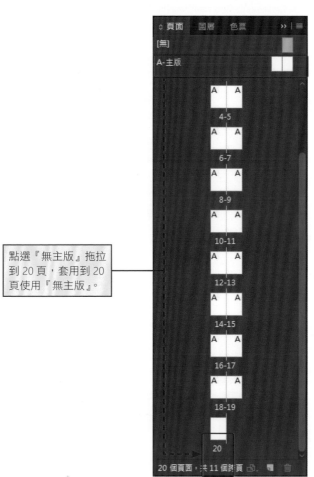

6.11 : InDesign 套用封面設計

01 將第五章節設計的封面檔案，置入於 InDesign
內第一頁，點選『視窗 > 頁面』點擊第一頁
兩下進入編輯。

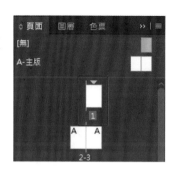

02 置入圖檔於第一頁，點選『檔案 > 置入』，選擇檔案『Chapter 06 / 素材 /
電子書封面設計 .PSD』。

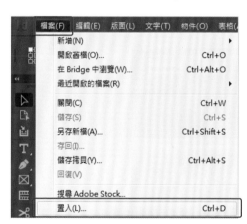

完成

6.12 ┊ 加強書籍封面效果立體感

01 ▶ 利用『矩形工具』▣ 繪製一個矩形。

02 ▶ 『填色不上色；筆畫修改顏色為黃色』。

03 ▶ 繪製一個矩形，該矩形需貼齊出血邊框，線條粗細寬度：20pt。

6.13 InDesign 目錄頁面設計

01 2、3 頁為目錄頁面，在『視窗 > 頁面』主版面中的『無』點擊兩下進入編輯，按下滑鼠右鍵選擇『套用主版至頁面』。

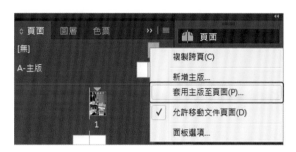

02 跳出『套用主版』 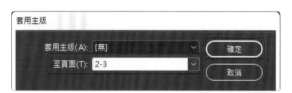，設定頁數『至頁面 2-3』按下『確定』。

03 點選第『2-3』頁面，利用『矩形框架工具』 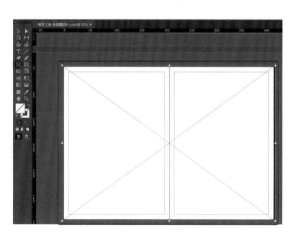 繪製一個框住頁面的矩形框架。

04 點選畫面中繪製完成的矩形框架，選擇『檔案 > 置入』，將在 Illustrator 設計完成的圖檔置入，點選『檔案：Chapter 06 / 素材 / 目錄 .ai』。

完成圖如下。

6.14 ⋮ 高品質顯示圖檔

01 置入 InDesign 畫面中的圖檔，預設顯示會降低圖像品質，如要顯示高品質照片效果，需選取畫面中圖片，點選『物件 > 顯示效能 > 高品質顯示』。

6.15 : InDesign 編輯主版頁面設計

01 將在 Illustrator 完成的版面內頁設計，置入 InDesign 內編輯，點選『視窗 > 頁面』再點選『A- 主版』點擊兩下進入編輯。

02 利用工具列中的『矩形框架工具』，繪製一個框住畫面的框架，此框架要貼齊出血。

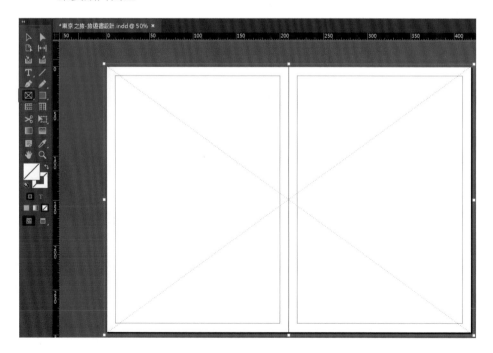

03 點選繪製完成的『矩形框架』，將圖檔置入。點選『檔案 > 置入』，置入在 Illustrator 設計的檔案『頁面工作區域 1.ai』。

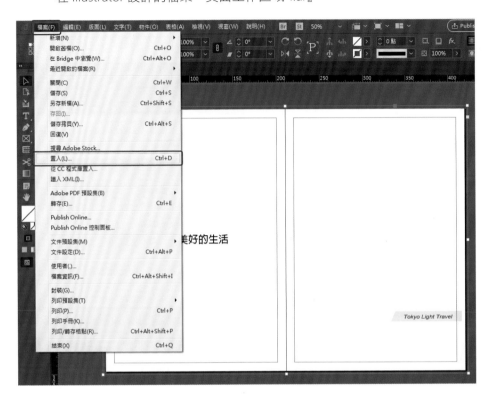

6.16 ｜將設計完成的『A- 主版』套用在『B- 主版』內使用

01 點選『頁面中的 A- 主版』按下右鍵『複製主版跨頁「A- 主版」』。

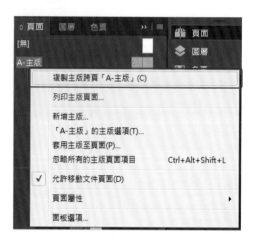

複製主版跨頁「A-主版」(C)

列印主版頁面...

新增主版...
「A-主版」的主版選項(T)...
套用主版至頁面(P)...
忽略所有的主版頁面項目　　Ctrl+Alt+Shift+L

✓ 允許移動文件頁面(D)

頁面屬性　　　　　　　　　　▶

面板選項...

02 點選『視窗 > 頁面』，再點選『B- 主版』兩下進入編輯。點選畫面中的矩形框架，點選『檔案 > 置入』，點選檔案『Chapter 06 / 素材 / 頁眉設計 _ 工作區域 1 複本 1.ai』，將圖檔置入。

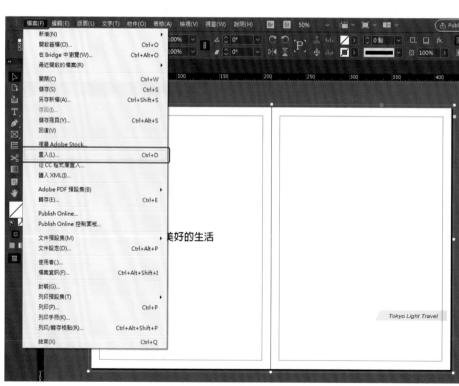

Photoshop × Illustrator × InDesign　商業平面設計一次搞定

6.17 將設計完成的『B-主版』套用在『C-主版』內使用

01 點選複製完成的『B-主版』，按下滑鼠右鍵『複製主版跨頁「B-主版」』，複製完畢之後會產生『C-主版』。

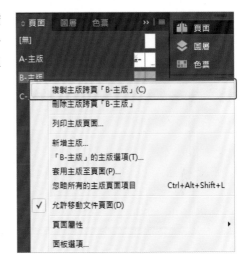

02 編輯完成複製的『C主版』，在『C-主版』上面點兩下編輯。

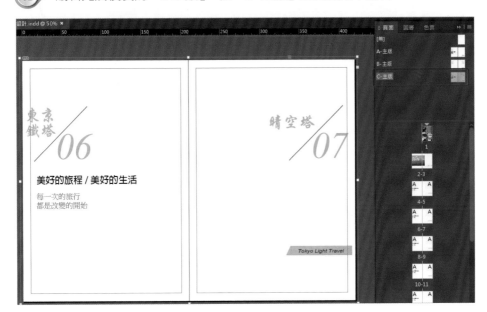

03 點選畫面中圖片，按下『檔案 > 置入』，置入圖檔名稱『Chapter 06 / 素材 / 頁眉設計 _ 工作區域 1 複本 2.ai』。

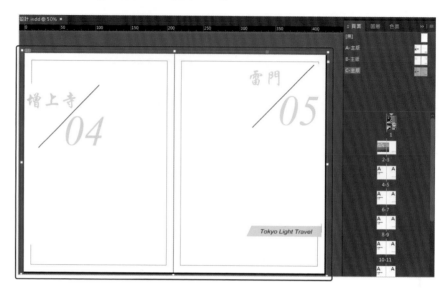

6.18 : 將設計完成的『C- 主版』套用在『D- 主版』內使用

01 點選複製完成的『C- 主版』，按下滑鼠右鍵『複製主版跨頁「C- 主版」』，複製完畢之後會產生『D- 主版』。

02 編輯完成複製的『D 主版』，在『D- 主版』上面點兩下編輯，再點選畫面中圖片，按下『檔案 > 置入』，置入圖檔檔案名稱『Chapter 06 / 素材 / 頁眉設計 _ 工作區域 1 複本 3.ai』。

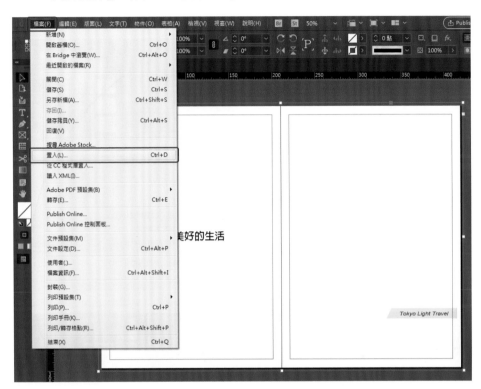

01 點選複製完成的『D-主版』，按下滑鼠右鍵『複製主版跨頁「D-主版」』，複製完畢之後會產生『E-主版』。

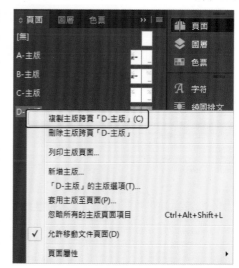

02 編輯完成複製的『E主版』，在『E-主版』上面點兩下編輯，再點選畫面中圖片，按下『檔案 > 置入』，置入圖檔檔案名稱『Chapter 06 / 素材 / 頁眉設計_工作區域 1 複本 4.ai』。

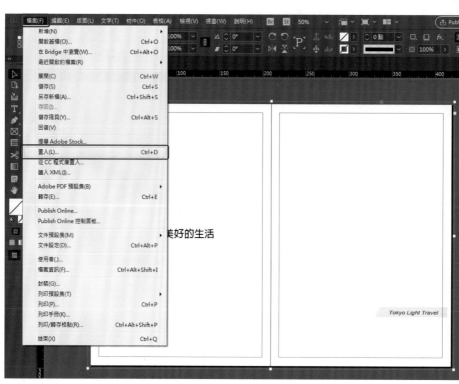

Photoshop × Illustrator × InDesign 商業平面設計一次搞定

6.20 將設計完成的『E-主版』套用在『F-主版』內使用

01 點選複製完成的『E-主版』，按下滑鼠右鍵『複製主版跨頁「E-主版」』，複製完畢之後會產生『F-主版』。

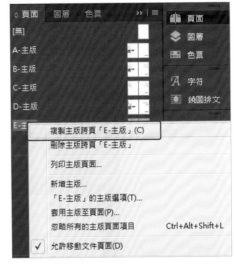

02 編輯完成複製的『F主版』，在『F-主版』上面點兩下編輯，再點選畫面中圖片，按下『檔案 > 置入』，置入圖檔檔案名稱『Chapter 06 / 素材 / 頁眉設計＿工作區域1複本5.ai』。

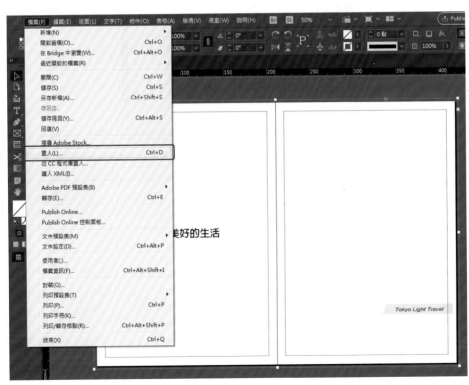

01 點選複製完成的 F- 主版』，按下滑鼠右鍵『複製主版跨頁「F- 主版」』，複製完畢之後會產生『G- 主版』。

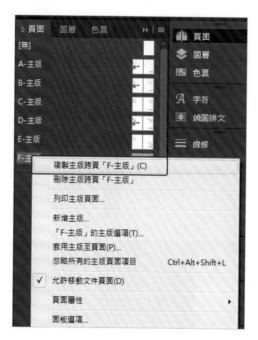

02 編輯完成複製的『G 主版』，在『G- 主版』上面點兩下編輯，再點選畫面中圖片，按下『檔案 > 置入』，置入圖檔檔案名稱『Chapter 06 / 素材 / 頁眉設計 _ 工作區域 1 複本 6.ai』。

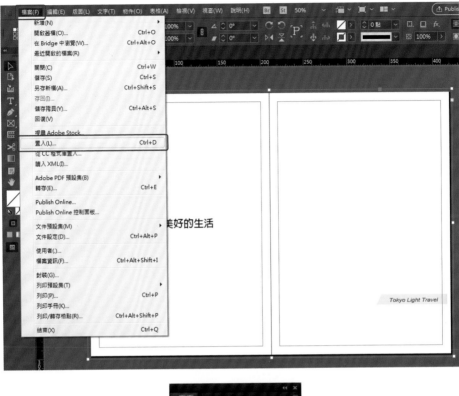

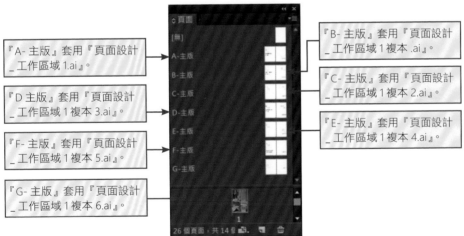

『A- 主版』套用『頁面設計 _ 工作區域 1.ai』。

『D 主版』套用『頁面設計 _ 工作區域 1 複本 3.ai』。

『F- 主版』套用『頁面設計 _ 工作區域 1 複本 5.ai』。

『G- 主版』套用『頁面設計 _ 工作區域 1 複本 6.ai』。

『B- 主版』套用『頁面設計 _ 工作區域 1 複本 .ai』。

『C- 主版』套用『頁面設計 _ 工作區域 1 複本 2.ai』。

『E- 主版』套用『頁面設計 _ 工作區域 1 複本 4.ai』。

01 將設計完成的檔案存檔，點選『檔案 > 另存新檔』，格式選擇『InDesign CC2018 文件』。儲存的 InDesign 檔案以及排版中使用的圖檔，建議放在同一份資料夾內，避免下次開啟檔案時，圖檔連結會出現錯誤。

【單張底圖類雜誌】

圖片網址：http://www.multi-arts.com.tw/item.php?i=9239

圖片網址：https://www.natgeomedia.com/events/1966

【設計類雜誌】

圖片網址：http://www.house-style.com.tw/mag/fun-design

圖片網址：http://www.eslite.com/product.aspx?pgid=10099179321815586&kw=ppaper&pi=0#

【 創意類雜誌 】

圖片網址：https://www.kingstone.
com.tw/mag/book_page.
asp?kmcode=2070910164084

圖片網址：https://ebook.hyread.com.tw/
bookDetail.jsp?id=144987&mzId=194

【 簡潔的封面編排雜誌 】

【 旅行類雜誌 】

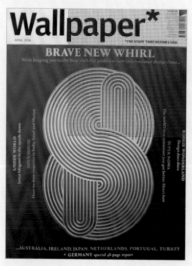

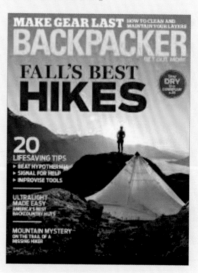

圖片網址：https://detail.tmall.com/item.
htm?id=42293223887

圖片網址：https://www.backpacker.com/

【多用途類雜誌】

圖片網址：https://www.ikea.com/ms/zh_TW/virtual_catalogue/online_catalogues.
html?icid=tw|ic|HPTR|1808

【多折式類型型錄設計】

Lesson 7

電子書排版──
東京之旅介紹
（修片整理照片）

設計概念　現在流行的攝影技巧是彩度較低的顏色系，坊間稱這顏色為莫蘭迪色，其實這是義大利畫家喬治·莫蘭迪（Giorgio Morandi）畫作中常用的配色手法。藉由這單元教學，將攝影圖片顏色的配色調性，調整為較低彩度色系。

軟體技巧　使用 Photoshop 中的調整功能調整照片顏色，此方式為非破壞形式，因為該方式會自動產生一個新圖層，不會破壞原來圖層，簡單又方便的調整照片中的顏色、亮度、反差…等。

檔　　案　Chapter 07/ 素材 / 1 (1)~ 1 (28).JPG
　　　　　Chapter 07/ 素材 / 內頁文字（記事本檔案）

應用軟體　Ps Photoshop

利用調整面板中的亮度 / 對比，修改照片亮度。

利用調整面板中的色相 / 飽和度，修改照片顏色。

利用調整面板中的曝光度，修改照片亮度對比。

利用調整面板中的曲線，修改照片高反差效果。

利用調整面板中的曲線，修改照片高反差效果。

利用調整面板中的照片自然飽和度，修改照片飽和度。

利用調整面板中的相片濾鏡，修改照片顏色效果。

01 使用 Photoshop 中的『調整功能』調整照片顏色，此方式會自動產生一個新圖層，不會破壞原來圖層，可以簡單又方便的調整照片中的顏色、亮度、反差…等。

首先修改照片亮度，點選『視窗 > 調整』開啟面版。

02 修改照片亮度以及對比度。點選『視窗 > 調整』展開『調整面板』，點選『亮度 / 對比』，展開『亮度 / 對比』面板。

點選『亮度 / 對比』選項

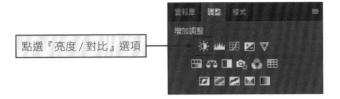

03 調整亮度以及對比度，『亮度參數 21、對比參數 10』。

使用調整面板調整顏色時，將會產生新圖層，此做法可以保護原來圖片，不會破壞原來的圖片。如果要修改畫面 中『亮度 / 對比』可以在上方圖層點兩下，重新調整『亮度 / 對比』數值。

完成

7.2　調整色彩顏色

01 調降色彩顏色以及照片色彩飽和度。點選『視窗 > 調整』，展開『調整面板』，點選『色相 / 飽和度』。

點選『色相 / 飽和度』選項。

02 調整色彩顏色以及飽和度，『色相：-6、飽和度：29、明亮：0』。

點選『色相』指的是顏色調整選項。

點選『飽和度』指的是色彩鮮豔質選項。

點選『明度』指的是照片亮度選項。

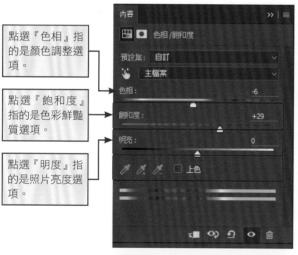

使用調整面板調整顏色時會產生新圖層，此做法可以保護原來圖片，不會破壞原來的圖片。如果要修改畫面中『色相 / 飽和度』可以在上方圖層點兩下，重新調整『色相 / 飽和度』數值。

完成

7.3　調整照片曝光度

01 修改照片曝光度，讓照片看起來較明亮。點選『視窗 > 調整』，展開『調整面板』。

點選『曝光度』選項。

02 輸入參數『偏移量 -0.0208、Gamma 校正 1.00』。

使用調整面板調整顏色時，會產生新圖層，此做法可以保護原來圖片，不會破壞原來的圖片。如果要修改畫面中『曝光度』可以在上方圖層點兩下，重新調整『曝光度』數值。

完成

01 修改照片高反差，調降色彩顏色。點選『視窗 > 調整』，展開『調整面板』，點選『曲線』選項。

點選『曲線』選項。

建立新曲線調整圖層

02 點選曲線增加『節點』，移動調整『節點』位置。

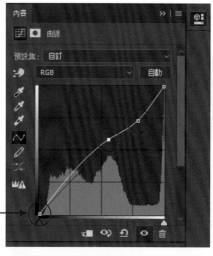

增加『節點』調整位置，加強圖片高反差效果。

使用調整面板調整顏色時，會產生新圖層，此做法可以保護原來圖片，不會破壞原來的圖片。如果要修改畫面中『曲線』可以在上方圖層點兩下，重新調整『曲線』數值。

完成

7.5 調整照片高反差效果

01 修改照片高反差，調降色彩顏色，點選『視窗 > 調整』，展開『調整面板』，點選『臨界值』選項。

點選『臨界值』選項

02 輸入『臨界值：122』。

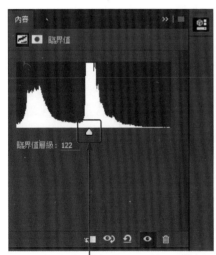

使用調整面板調整顏色時，會產生新圖層，此做法可以保護原來圖片，不會破壞原來的圖片。如果要修改畫面中『臨界值』可以在上方圖層點兩下，重新調整『臨界值』數值。

調整此選項，移動位置，調整照片反差。

7.6 ∶ 調整照片飽和度色調

01 修改色彩顏色以及照片色彩飽和度，調降色彩顏色。點選『視窗 > 調整』，展開『調整面板』，點選『自然飽和度』選項。

> 點選『自然飽和度』選項。

02 輸入『自然飽和度 -17、飽和度 -4』。

> 調整此選項，『自然飽和度參數為 -17』。

> 調整此選項，『飽和度參數為 -4』。

> 使用調整面板調整顏色時，會產生新圖層，此做法可以保護原來圖片，不會破壞原來的圖片。如果要修改畫面中『自然飽和度』可以在上方圖層點兩下，重新調整『自然飽和度』數值。

> 完成

7.7 ：調整照片顏色平衡

01 修改色彩顏色平衡，調降色彩顏色。點選『視窗 > 調整』，展開『調整面板』，點選『色彩平衡』。

> 調整此選項，『色彩平衡』。

02 輸入參數『青色 / 紅色：17、洋紅 / 綠色：6、黃色 / 藍色：2』，將照片顏色修改為偏暖色調。

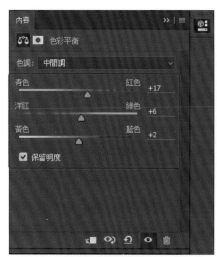

> 使用調整面板調整顏色時，將會產生新圖層，此做法可以保護原來圖片，不破壞原來的圖片。如果要修改畫面中『色彩平衡』可以在上方圖層點兩下，重新調整『色彩平衡』數值。

完成

185

7.8 ∶ 照片相片濾鏡

01 利用濾鏡效果讓照片色調整成偏紅色，調降色彩顏色。點選『視窗 > 調整』，展開『調整面板』，點選『相片濾鏡』選項。

調整此選項修改為『紅色』

02 點選『濾鏡：紅色、濃度：37%』。

調整此選項為『紅色』。

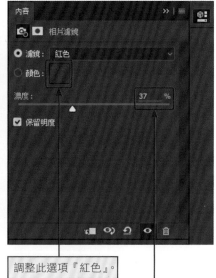

調整此選項『紅色』。

調整此選項『濃度：37%』。

使用調整面板調整顏色時，圖層將會產生新圖層，此做法可以保護原來圖片，不會破壞原來的圖片，如果要修改畫面中『相片濾鏡』可以在上方圖層點兩下，重新調整『相片濾鏡』數值。

完成

7.9 ： 儲存檔案

01 將製作完成的圖檔存檔後再置入 InDesign 軟體內編輯，點選『檔案 > 另存新檔』，將檔案儲存格式為『tif』。

照片色調技巧

【創意白平衡】

想要讓相片呈現出不同的風格，讀者可以在拍攝時，使用與現場光源完全不同的白平衡，來調整成特別的色調，創造出不同氛圍主題。因為在攝影中的色溫會直接影響相片呈現出來的意境。

例如：照片呈現暖色調，可以讓食物看起來更好吃，也可以強調溫馨氛圍或是復古的感覺；而冷色調則有冷靜、距離、科技以及未來的感覺。

1、2：以暖色調為主的圖片；3：以冷色調為主的圖片。

【構圖】

為了讓照片更能夠突顯主題或是更加賞心悅目，讀者可以利用不同的構圖方式，讓照片看起來更有主題且更出色。

常見的構圖方式有中心點構圖、井字構圖、三分構圖、三角構圖。

> ### 中心點構圖

拍攝之前，確認一個明顯而且吸引人目光的主要標的物為主角。在拍攝同時以該主角為攝影唯一目標，其他多餘部分均為配角，避免視覺上會分散注意力。中心點攝影構圖的基本原則，並不單只是把攝影的主題放在畫面正中心，而是要運用攝影中的景深前後感、攝影亮暗以及色彩學中的對比等，突顯出相片中唯一的主角。

1：景深前後感；2：框架式構圖，將物品塞滿整個畫面；3：中心點構圖。

◎ 三分法構圖

三分法構圖有水平三分法、垂直三分法、井字構圖、九宮格構圖等，在攝影裡算是最基本、最安全的構圖方式，大部份的攝影主題均適用。現在攝影者可以透過數位相機或是手機，設定九宮格構圖的觀景窗，拍出三分法構圖。

水平三分法構圖

垂直三分法構圖

井字構圖

三角構圖法

Lesson 8

電子書排版——
東京之旅介紹
（書籍內頁編輯、頁碼、目錄、物件樣式、字元樣式、段落樣式）

軟體技巧 運用 InDesign 編排內頁、加入頁碼、使用公版設計概念套用在各內頁使用，繞圖排文製作，建立字元樣式套用在內文內使用，建立物件樣式套用在照片內使用，利用漸層羽化工具套用在設計封底內使用。

檔　　案 Chapter 08 / 素材 / 1 (4).psd
Chapter 08 / 素材 / 內頁文字（記事本檔案）
Chapter 08 / 素材 / 上野 .JPG、上野 -1.JPG、上野 -2.JPG、
伊豆半島 .JPG、伊豆半島 -1JPG、明治神宮 .JPG、東京晴空塔 .JPG、
東京鐵塔 .JPG、東京鐵塔 -1.JPG、東京鐵塔 -2.JPG、東京鐵塔 -3.JPG、
淺草 -1.JPG、富士山 .JPG、富士山 -1、富士山 -2.JPG、富士山 -3.JPG、
富士山 -4.JPG、曾上寺 .JPG、曾上寺 -1.JPG、曾上寺 -2.JPG、
曾上寺 -3、湯則 .JPG、湯則 -2.JPG、湯則 -3.JPG、湯則 -4.JPG

應用軟體 Id InDesign

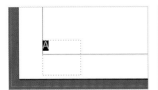

在公版內製作頁碼，並套用在內頁裡。

編輯內文文章。

將文字建立字元樣式並且套用於內文文字。

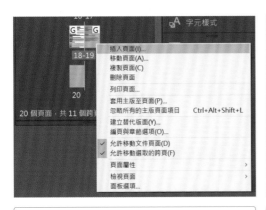

主版設計完畢後，套用於內頁中。

超過畫面文字溢排處理。

內文增加頁數，並且編輯排列。

加入圖片以及編輯，並且製作繞圖排文。

封底利用漸層羽化方式柔化照片邊緣。

漸層羽化製作圖片邊緣會出現羽化效果。

拍立得相片製作，筆畫效果以及陰影效果。

建立物件樣式後套用樣式效果，筆畫效果和陰影效果。

目錄製作，建立段落樣式並且套用製作目錄。

8.1 ： 頁碼製作

01 首先在公版主版內製作頁碼。點選頁面中的『A- 主版』頁面，在『A- 主版』內插入頁碼，在畫面的左下角輸入頁碼，點選『文字工具』 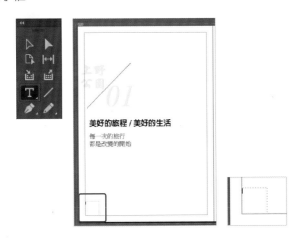 框選一個文字框。

02 插入頁碼。點選『文字 > 插入特殊字元 > 標記 > 目前頁碼』。

03 由於在『A-主版』內製作，所以完成後畫面中的文字框會顯示『A』。

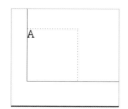

04 修改字型樣式，調整合適的字型大小，點選『文字工具』T，反選畫面中文字。

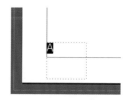

05 在控制面板中修改，選擇『字型樣式：Arial/Regular』、『字型大小：10點』。

06 調整字型樣式以及大小後，利用『選取工具』，點選左邊剛完成的頁碼，再複製一份至頁面右邊。按下『Alt』鍵不放，拖移複製一組至右方。

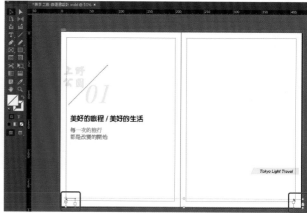

8.2 ┊ 將製作完成的頁碼複製到其他主版內

01 使用『選取工具』 ▶ 點選畫面中已完成的左右頁碼，按下拷貝鍵『Ctrl + C』拷貝畫面中的頁碼。

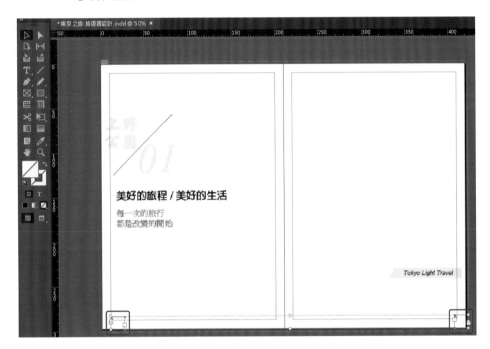

02 將複製的頁碼貼在公版內使用。點選『視窗 > 頁面』，並再點選『B- 主版』上點兩下進入編輯『B- 主版』。

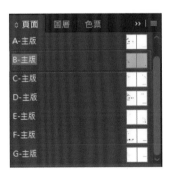

03 按下滑鼠右鍵點選『原地貼上』，將拷貝的頁碼在原來位置貼上。

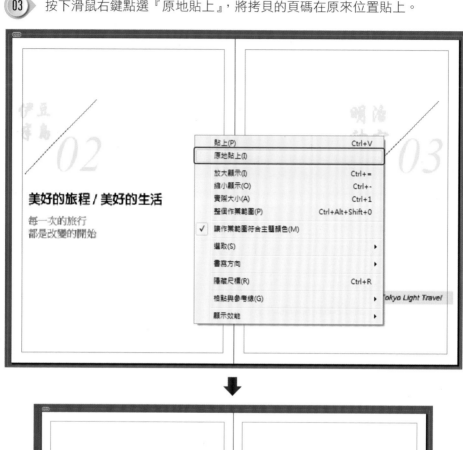

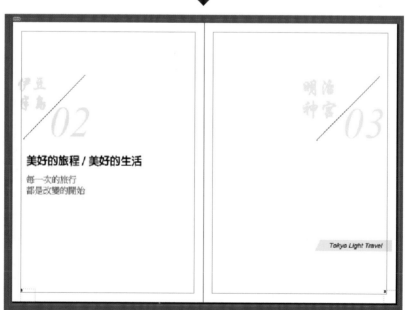

04 由於在『B- 主版』製作，所以貼上去的頁碼會顯示『B』。

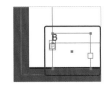

05 再點選『C- 主版』上點兩下進入編輯『C-主版』。

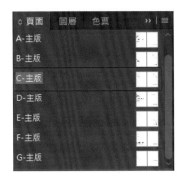

06 按下滑鼠右鍵點選『原地貼上』，將拷貝的頁碼在原來位置貼上。

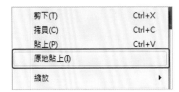

07 由於在『C- 主版』製作，所以貼上去的頁碼會顯示『C』。

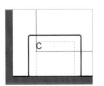

08 再點選『D- 主版』上點兩下進入編輯『D-主版』。

09 按下滑鼠右鍵點選『原地貼上』，將拷貝的頁碼在原來位置貼上。

10 由於在『D- 主版』製作，所以貼上去的頁碼會顯示『D』。

11 再點選『E- 主版』上點兩下進入編輯『E-主版』。

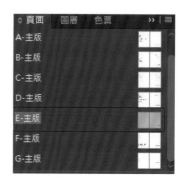

12 按下滑鼠右鍵點選『原地貼上』，將拷貝的頁碼在原來位置貼上。

13 由於在『E- 主版』製作，所以貼上去的頁碼會顯示『E』。

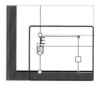

14 點選『F- 主版』上點兩下進入編輯『F- 主版』。

Photoshop × Illustrator × InDesign 商業平面設計 一次搞定

15 按下滑鼠右鍵點選『原地貼上』，將拷貝的頁碼在原來位置貼上。

16 由於在『F-主版』製作，所以貼上去的頁碼會顯示『F』。

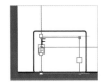

17 點選『G-主版』上點兩下進入編輯『G-主版』。

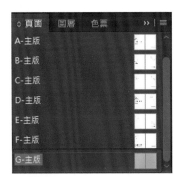

18 按下滑鼠右鍵點選『原地貼上』，將拷貝的頁碼在原來位置貼上。

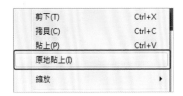

19 由於在『G-主版』製作，所以貼上去的頁碼會顯示『G』。

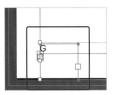

完成圖。

公版主版設計 →

內頁設計編輯內文 →

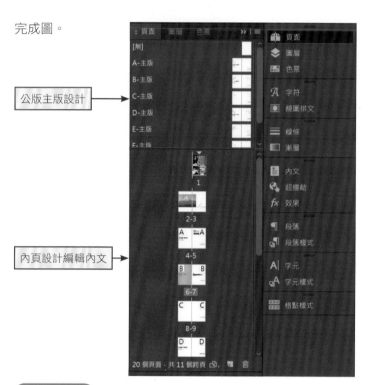

頁數分類

- 頁數 1 頁封面設計、頁數 2-3 頁為目錄設計、頁數 26 頁為封底均套用『無主版』設計。

- 頁數 4-5 頁內文編輯設計套用『A- 主版』設計。

- 頁數 6-9 頁內文編輯設計套用『B- 主版』設計。

- 頁數 10-11 頁內文編輯設計套用『C- 主版』設計。

- 頁數 12-13 頁內文編輯設計套用『D- 主版』設計。

- 頁數 14-15 頁內文編輯設計套用『E- 主版』設計。

- 頁數 16-17 頁內文編輯設計套用『F- 主版』設計。

- 頁數 18-23 頁內文編輯設計套用『G- 主版』設計。

01 將設計完成的主版套用於指定內頁使用。首先點選頁面面板中的『A-主版』，快按兩下進入編輯。

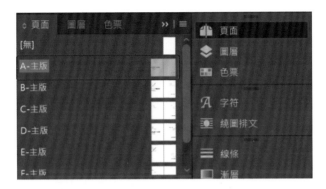

02 將該頁面版型設定套用於指定內頁使用，按下滑鼠右鍵選取『套用主版至頁面』。

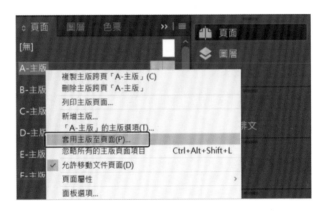

03 輸入指定頁碼『至頁面 4-5』，輸入完畢後按下『確定』鈕。

04 將設計完成的主版套用於指定內頁使用，點選頁面面板中的『B- 主版』，
快按兩下進入編輯。

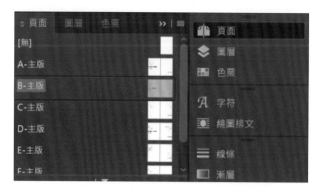

05 將該頁面版型設定套用於指定內頁使用，按下滑鼠右鍵選取『套用主版至
頁面』。

06 輸入指定頁碼『至頁面 6-7』，輸入完畢後按下『確定』鈕。

07 將設計完成的主版套用指定於內頁使用，點選頁面面板中的『C- 主版』，快按兩下進入編輯。

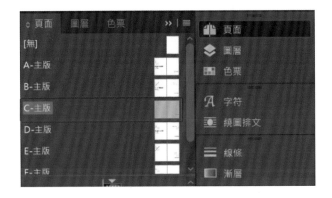

08 將該頁面版型設定套用於指定內頁使用，按下滑鼠右鍵選取『套用主版至頁面』。

09 輸入指定頁碼『至頁面 8-9』，輸入完畢後按下『確定』鈕。

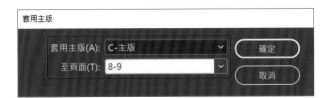

10 將設計完成的主版套用於指定內頁使用，點選頁面面板中的『D- 主版』，
快按兩下進入編輯。

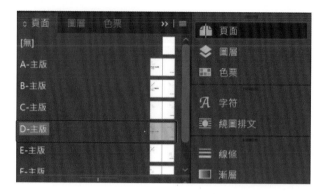

11 將該頁面版型設定套用於指定內頁使用，按下滑鼠右鍵選取『套用主版至
頁面』。

12 輸入指定頁碼『至頁面 10-11』，輸入完畢後按下『確定』鈕。

13 將設計完成的主版套用於指定內頁使用，點選頁面面板中的『E- 主版』，
快按兩下進入編輯。

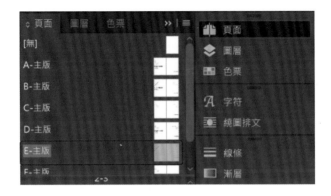

14 將該頁面版型設定套用於指定內頁使用，按下滑鼠右鍵選取『套用主版至
頁面』。

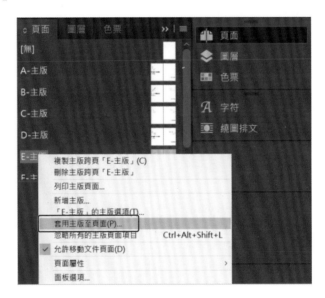

15 輸入指定頁碼『至頁面 12-13』，輸入完畢後按下『確定』鈕。

16 將設計完成的主版套用於指定內頁使用，點選頁面面板中的『F- 主版』，
快按兩下進入編輯。

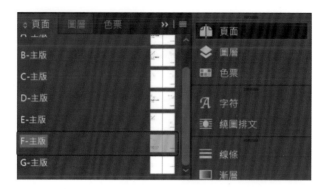

17 將該頁面版型設定套用於指定內頁使用，按下滑鼠右鍵選取『套用主版至
頁面』。

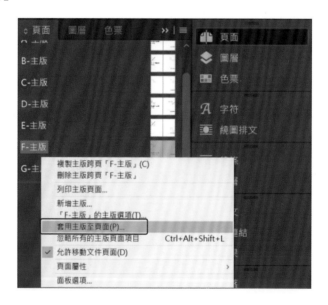

18 輸入指定頁碼『至頁面 14-15』，輸入完畢後按下『確定』鈕。

19 將設計完成的主版套用於指定內頁使用，點選頁面面板中的『G- 主版』，
快按兩下進入編輯。

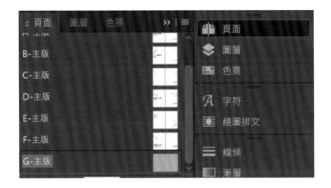

20 將該頁面版型設定套用於指定內頁使用，按下滑鼠右鍵選取『套用主版至
頁面』。

21 輸入指定頁碼『至頁面 16-17』，輸入完畢後按下『確定』鈕。

8.4 ┊ 追加頁數並套用主版於內頁

01 增加頁數時，內頁需要更新公版版型，點選『G主版』兩下進入編輯，將
該頁面版型套用於指定內頁，按下滑鼠右鍵選取『套用主版至頁面』。

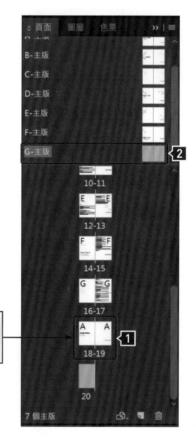

目前 18-19 仍然是 A 主版
版型，需要更新為 G 主版
版型。

02 輸入指定頁碼『至頁面 16-19』，輸入完畢後按下『確定』鈕。

8.5 ⋮ 編輯內文

01 將文字貼入內文中，點選『視窗 > 頁面』，於內頁『第 4-5 頁』點兩下開始編輯。

02 點選工具列中的『文字工具』。

03 於版面中框選一個文字框，使用素材光碟檔案內【第八章單元使用的素材的【內頁文字】的記事本檔案】。反選畫面中第一段【上野】景點文案介紹，按下快速鍵『Ctrl+C』將文字拷貝，再點選 InDesign 內目前編輯的內頁第 4-5 頁，利用『文字工具』 框選一個文字框，再按下『Ctrl+V』貼上文字。

8.6 ⋮ 套用字元樣式

01 利用『文字工具』 **T** 反選畫面中的文字,將所有文字套用『字元樣式』。
在工具列選取『視窗 > 樣式 > 字元樣式』,點選右下角 ▤ 『新增字元樣
式』,建立一個文字樣式。

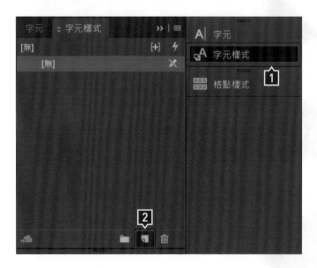

02 建立一個名稱為『字元樣式 1』的字元樣式,在『字元樣式 1』上面快按
兩下進入編輯字元樣式。

03 展開『字元樣式選項面板』，點選『基本字元格式』，『字體系列：Adobe
繁黑體、大小：13 點、行距：24 點』，輸入完畢按下『確定』按鈕。

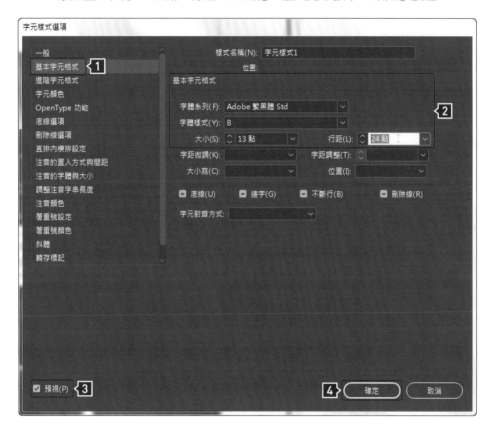

完成。

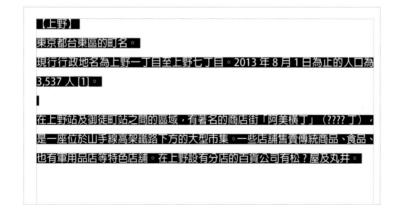

04 開啟【光碟素材檔案第八章節，檔名內頁文字（記事本）檔案】，反選畫面中的文字內容，按下快速鍵『Ctrl＋C』。

05 將文字貼在內頁，點『視窗＞頁面』中的『第 6-7 頁』，在上面點兩下進入編輯。

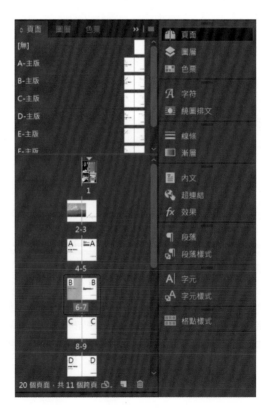

06 點選『文字工具』 ，框選一個文字框。

07 將拷貝的文字貼入文字框內，按下快速鍵『Ctrl＋V』貼上。

08 將文字套用剛才建立完成的『字元樣式1』文字樣式。

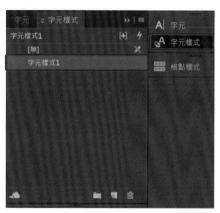

完成

09 點選內頁『第 8-9 頁』，點兩下
進入編輯。

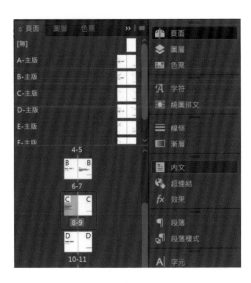

10 開啟【光碟素材檔案第八章節，檔名內頁文字（記事本）檔案】，反選畫
面中有關【明治神宮】的文字內容，按下快速鍵『Ctrl + C』，將文字貼在
內頁，點選『文字工具』，框選一個文字框，將拷貝的文字貼入文字
框內，按下快速鍵『Ctrl + V』貼上。

11 點選內頁『第 10-11 頁』點兩下
進入編輯。

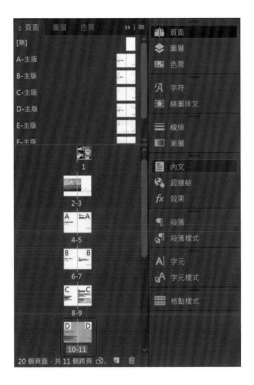

(12) 開啟【光碟素材檔案第八章節，檔名內頁文字（記事本）檔案】，反選畫面中有關【增上寺】/【雷門】的文字內容，按下快速鍵『Ctrl＋C』，將文字貼在內頁，點選『文字工具』▮T▮，框選一個文字框，將拷貝的文字貼入文字框內，按下快速鍵『Ctrl＋V』貼上。

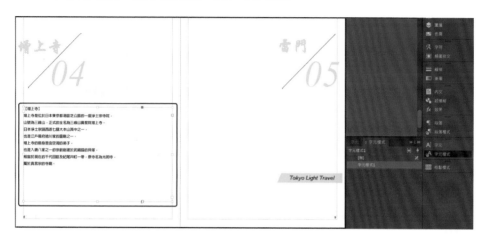

(13) 貼上的文字，再套用字元面板中所建立的『字元樣式1』的字型樣式以及大小。

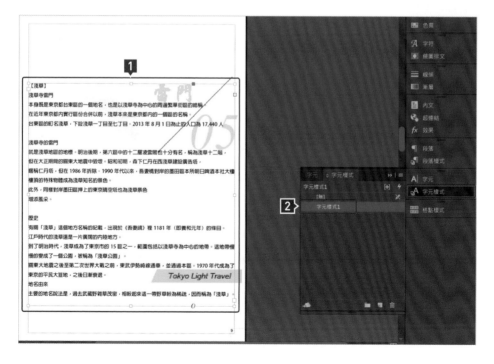

8.7 : 文字超過文字框的處理方式

01 文字超過文字框範圍，畫面右下角會出現一個紅色十字框 ⊞，稱為文字溢排。因此要將畫面中溢排文字，擷取出至另外一個文字框內。

文字溢排

02 點選『文字工具』 **T**，再按住『Ctrl』鍵不放，點右下角的紅色框 ⊞。

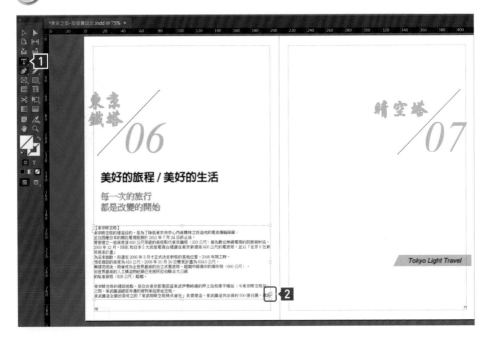

Photoshop × Illustrator × InDesign 商業平面設計一次搞定

03 點選完畢後，將『Ctrl』鍵鬆開，即可擷取文字。文字擷取出來後，再利用『文字工具』 T 繼續繪製下一個文字框。

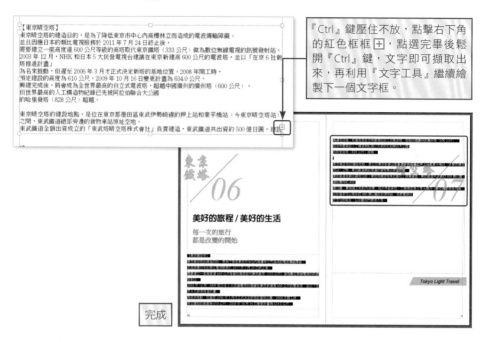

『Ctrl』鍵壓住不放，點擊右下角的紅色框框 ⊞，點選完畢後鬆開『Ctrl』鍵，文字即可擷取出來，再利用『文字工具』繼續繪製下一個文字框。

04 貼上的文字，再套用字元面板中所建立的『字元樣式 1』，統一文字的字型樣式以及大小。

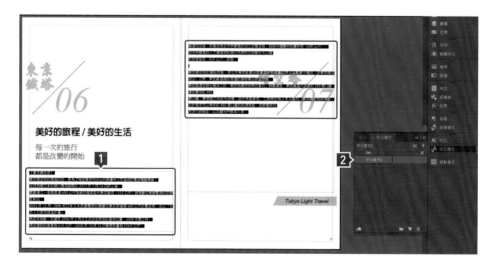

05 點選內頁繼續完成書籍內文的編輯，點選『第 12-13 頁』點兩下進入編輯。

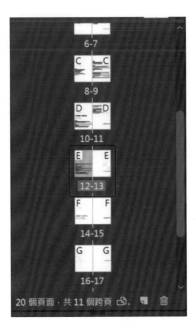

06 點選內頁『第 14-15 頁』點兩下進入編輯。

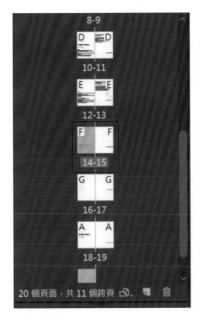

07 開啟【光碟素材檔案第八章節，檔名內頁文字（記事本）檔案】，反選畫面中有關【築地市場】的文字內容，按下快速鍵『Ctrl＋C』，將文字貼在內頁，點選『文字工具』 **T**，框選一個文字框，將拷貝的文字貼入文字框內，按下快速鍵『Ctrl＋V』貼上。

08 貼上的文字，再套用字元面板中所建立的『字元樣式1』的字型樣式以及大小。

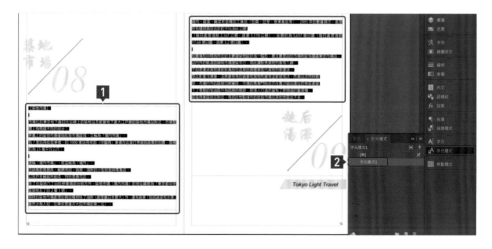

09 文字超過文字框範圍，稱為文字溢排，因此要將畫面中溢排文字，擷取出至另外一個文字框內，畫面右下角會出現一個紅色十字框 ⊞，點選『文字工具』T，再按住『Ctrl』鍵不放，點右下角的紅色框 ⊞。

【新宿區】
位於新宿區內，是整個東京都的行政中樞。
新宿區位在東京市區內中央偏西的地帶，區內的
新宿車站是東京市區西側最重要的交通要衝之
一，包括 JR 山手線、JR 中央本線、
JR 總武線與私人鐵路公司京王電鐵、小田急電鐵
的總部都位在新宿車站，周圍還有數條地下鐵路
線行經。日本各地往來東京的長
途巴士也大多停靠新宿，或以新宿為起站、終站。
以新宿車站為中心，以西的西新宿是東京政府新
規劃的行政與商業新都心，東京都的行政中心東
京都廳舍就位在此處，除此之外
周遭還包圍了許多大型企業總社所使用的摩天大
樓，此超高層建築群是東京地區最早形成的類似
區域。新宿車站南口方向則是百
貨公司與商店街雲集的商業地區，其中最著名的
包括有高島屋百貨公司的旗艦店「高島屋時代廣
場」（Takashimaya Times Square）⊞ ◄─── 溢排文字

10 點選完畢後，鬆開『Ctrl』鍵，文字擷取出來後，再利用『文字工具』T繼續繪製下一個文字框。

【新宿區】
位於新宿區內，是整個東京都的行政中樞。
新宿區位在東京市區內中央偏西的地帶，區內的
新宿車站是東京市區西側最重要的交通要衝之
一，包括 JR 山手線、JR 中央本線、
JR 總武線與私人鐵路公司京王電鐵、小田急電鐵
的總部都位在新宿車站，周圍還有數條地下鐵路
線行經。日本各地往來東京的長
途巴士也大多停靠新宿，或以新宿為起站、終站。
以新宿車站為中心，以西的西新宿是東京政府新
規劃的行政與商業新都心，東京都的行政中心東
京都廳舍就位在此處，除此之外
周遭還包圍了許多大型企業總社所使用的摩天大
樓，此超高層建築群是東京地區最早形成的類似
區域。新宿車站南口方向則是百
貨公司與商店街雲集的商業地區，其中最著名的
包括有高島屋百貨公司的旗艦店「高島屋時代廣
場」（Takashimaya Times Square）⊞ ◄───

按住『Ctrl』鍵不放，點擊右下角的紅色框 ⊞，點選完畢後鬆開『Ctrl』鍵，文字即可擷取出來，再利用『文字工具』繼續繪製下一個文字框。

(11) 點選內頁『第 16-17 頁』點兩下進入編輯。

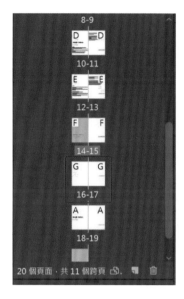

(12) 開啟【光碟素材檔案第八章節，檔名內頁文字（記事本）檔案】，反選畫面中有關【新宿】的文字內容，按下快速鍵『Ctrl + C』，將文字貼在內頁，點選『文字工具』，框選一個文字框，將拷貝的文字貼入文字框內，按下快速鍵『Ctrl + V』貼上。

01 文字內容超過預期的 18-19 頁，要在後面的頁數追加頁數，點選在『第 18-19 頁』的頁面上，按下滑鼠右鍵點選『插入頁面』。

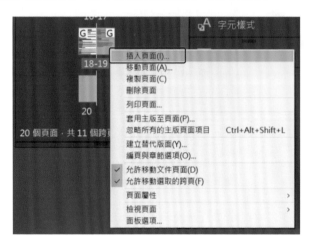

02 輸入需要插入的頁數，因版面是對頁格式，增加頁數必須為偶數。點選『頁面：4、插入：頁面之後、19、主版：G- 主版』設定完畢按下『確定』按鈕。

03 文字內容超過預期的 6-7 頁，要在後面的頁數追加頁數，點選在『第 6-7 頁』的頁面上，按下滑鼠右鍵點選『插入頁面』。

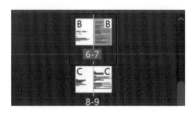

04 輸入需要插入的頁數，因版面是對頁格式，增加頁數必須為偶數，『頁面：2、插入：頁面之後、7、主版：B- 主版』設定完畢按下『確定』按鈕。

8.9 ⋮ 繞圖排文製作

01 右方頁眉需要避開文字，因此要製作一個無填色的矩形框、無上色的筆畫色塊，並且製作繞圖排文將文字繞開。

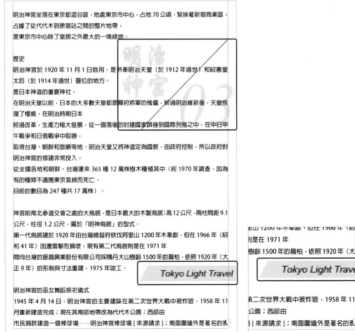

02 於工具列中選擇『矩形工具』 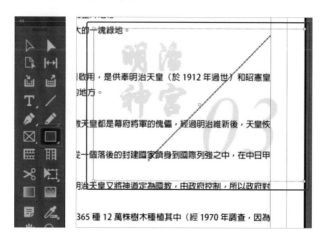 ，繪製一個矩形，將矩形蓋在頁眉上面，尺寸需要超過原來頁眉的範圍。

03 將填色和筆畫顏色取消。

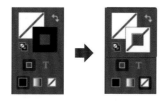

04 點選工具列中的『選取工具』 ，點選畫面中的矩形色塊。

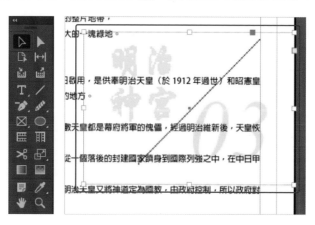

05 製作繞圖排文。點選『視窗 > 繞圖排文』，展開『繞圖排文面板』點選『圍繞物件、上下左右設定參數為 3mm』。

06 設定完畢後該區域圖片會將文字撐開來。

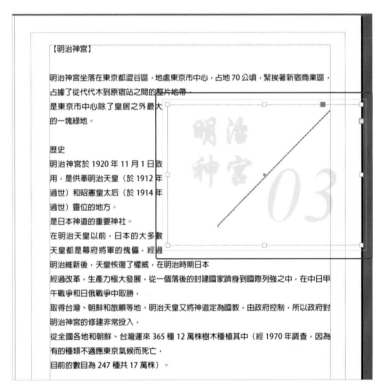

06 於工具列中選擇『矩形工具』 ■，繪製一個矩形，該矩形需要蓋在頁眉上面，尺寸需要超過原來頁眉的範圍。

08 繪製完成的矩形蓋在色塊上方。

09 局部調整矩形色塊『錨點』位置，點選『直接選取工具』 ▶，點選色塊上面的『錨點』，讓原本的矩形色塊透過『直接選取工具』 ▶ 移動『錨點』之後，呈現略為傾斜感。

10 點選『選取工具』 ▸ ，點選畫面中物件的矩形框架製作繞圖排文，『視窗 > 繞圖排文』，『圍繞物件，上、下、左、右邊數設定為 3mm。

11 點選工具列中的『選取工具』 ▸ ，點選畫面中的矩形色塊。

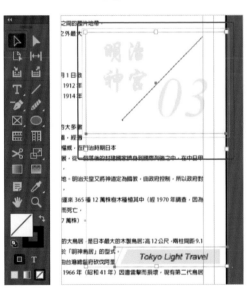

12 製作繞圖排文，點選『視窗 >
繞圖排文』，展開『繞圖排文面
板』點選『圍繞物件、上下左
右設定參數為 3mm』。

13 再點選工具列中的『選取工具』，點選畫面中的矩形色塊，按下快速
鍵『Ctrl + C』拷貝或按下滑鼠右鍵選取『拷貝』，點選下一頁面按下滑鼠
右鍵選取『原地貼上』，再利用『選取工具』調整繞圖排文框位置。

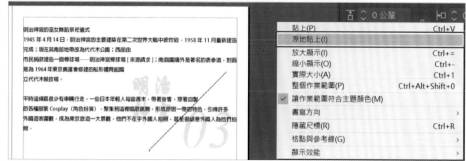

14 點選下一頁面，按下滑鼠右鍵點選『原地貼上』，在原來位置貼上，再利用『選取工具』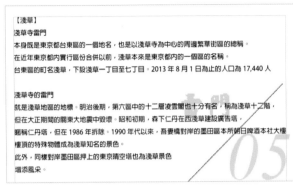 調整繞圖排文框的位置。

15 點選下一頁面，按下滑鼠右鍵點選『原地貼上』，在原來位置貼上，再利用『選取工具』 調整繞圖排文框的位置。

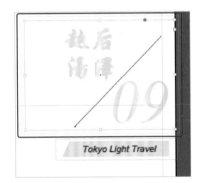

16 點選下一頁面，按下滑鼠右鍵點選『原地貼上』，在原來位置貼上，再利用『選取工具』 調整繞圖排文框的位置。

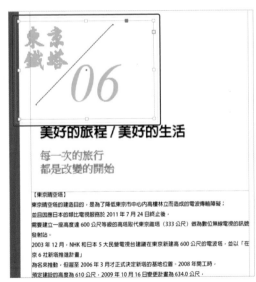

17 點選下一頁面按下滑鼠右鍵點選『原地貼上』，在原來位置貼上，再利用 『選取工具』 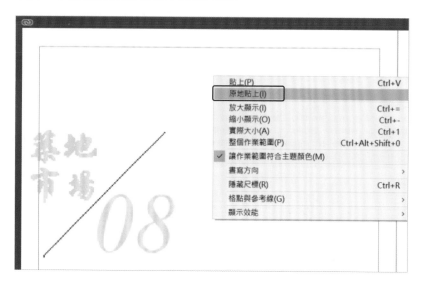 調整繞圖排文框的位置。

18 點選下一頁面按下滑鼠右鍵點選『原地貼上』，在原來位置貼上，再利用 『選取工具』 調整繞圖排文框的位置。

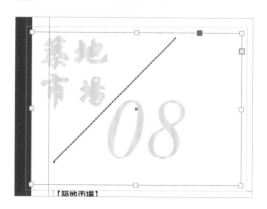

8.10 ∶ 內文加入圖片編輯

01 點選工具列『矩形框架工具』⊠。

02 繪製一個矩形框架。

03 再利用『選取工具』▷點選畫面中的矩形框。

04 將圖片置入，點選『檔案 > 置入』。

05 利用『選取工具』 ▷ 點選畫面中已經置入矩形框內的圖片，將圖片調整符合框架內的大小，在畫面上方的控制面板中先將『自動符合』選項打勾，『等比例填滿框架』或『等比例符合內容』。

06 利用『選取工具』 ▷ 點選畫面中已經置入的圖片，按下快速鍵『Ctrl＋C』拷貝，再點選下一頁面，按下快速鍵『Ctrl＋V』將圖片貼上，再點選畫面中的圖片進行替換動作，點選『檔案＞置入』，置入圖片【光碟素材中第八章，素材檔案夾內的上野.jpg】。

07 利用『選取工具』 ▷ 點選畫面中已經置入的圖片，按下快速鍵『Ctrl + C』拷貝，先將圖片拷貝，再點選下一頁面，將圖片貼上按下快速鍵『Ctrl + V』，再點選畫面中的圖片進行替換動作，點選『檔案 > 置入』，置入圖片【光碟素材中第八章，素材檔案夾內的曾上寺 .jpg】。

08 點選已置入的圖片，製作繞圖排文，點選『視窗 > 繞圖排文』，點選『圍繞物件』『上：3mm、下：3mm、左：3mm、右：3mm』。

8.11 ┊ 封底設計

01 利用工具列的『矩形工具』  繪製一個矩形,矩形色塊需要貼齊版面紅色出血框線條,色塊重新填顏色,點選土黃色系為主,色票代碼編號 #e5b125。

> 填色色塊上面點兩下展開填色面板,輸入土黃色色票代碼 #e5b125。

02 再置入圖片,點選工具列中『矩形框架工具』  ,繪製一個矩形框架。

03 再繪製一個直式的矩形框架圖框。

04 點選『檔案 > 置入』,選擇【光碟素材中第八章,素材檔案夾內的 1(4).psd】將圖片置入。

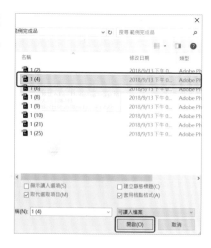

05 圖檔置入後，再調整圖片尺寸以符合畫面呈現。

06 於畫面上方的控制面板中點選『自動符合選項打勾』，讓圖片先符合內容大小，再點選『等比例填滿框架』或『等比例符合內容』選項。

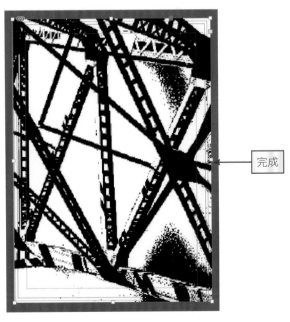

完成

8.12 : 圖片製作漸層羽化效果

01 利用『漸層羽化工具』  效果羽化照片，點選工具列中的『選取工具』 點選畫面中的圖片。

02 工具列中點選『漸層羽化工具』 。

03 由下往上拉一個漸層，淡化照片。

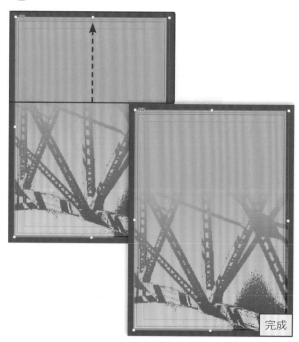

完成

8.13 ∶ 拍立得邊框照片效果

01 在圖片外框製作一個白色邊框拍立得照片效果。選取『選取工具』 ▷ 點選畫面中圖片，『筆畫』修改顏色為白色。

02 調整筆畫粗細，點選『視窗 > 線條』調整筆畫『寬度：10 點』。

03 調整完畢，再製作一點陰影效果，在上方控制面板點選『 fx 』選項，再點選『陰影』，會展開『效果（陰影）面板』。

04 展開『效果面板』調製陰影參數，『混合模式：色彩增值、不透明度：75%、調整陰影角度 135 度，預視選項打勾可以預覽效果』，設定完畢按下『確定』按鈕。

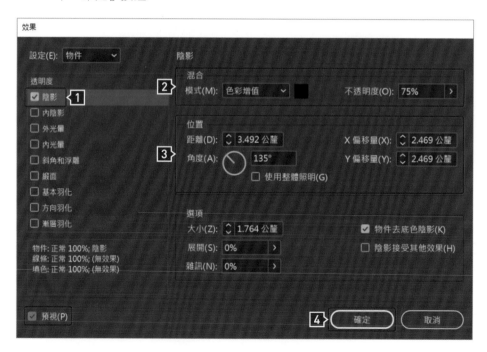

8.14 ⋮ 建立物件樣式

01 建立物件樣式的好處，是可以將剛設定好的白色筆畫以及陰影效果的拍立得照片效果，套用在其他照片上面。利用『選取工具』 ▶ 點選剛才建立完成的拍立得照片效果圖片，再點選『視窗 > 樣式 > 物件樣式』，展開『物件樣式面板』。

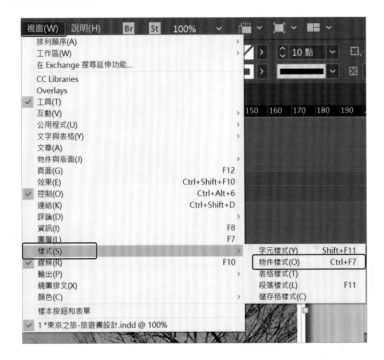

02 點選『建立新樣式』，『物件樣式面板』會新增一個『物件樣式 1』。

03 以『選取工具』  點選畫面中其他圖片,套用剛才建立的『物件樣式1』。

04 每一張圖片都可以套用『物件樣式1』拍立得白色邊框以及陰影效果。

完成

8.15 ： 目錄設計

01 在各主題單元內頁輸入標題文字，點選『文字工具』 。

02 框選一個文字框，輸入主題單元標題文字，點內頁『第五頁』輸入上野，再利用『文字工具』 反選畫面中輸入的標題文字上野。

03 首先要先建立段落樣式，點選『視窗 > 樣式 > 段落樣式』，展開『段落樣式面板』後，再點選『新增樣式』，點選『段落樣式 1』點兩下進入編輯字體大小；樣式 ... 等文字設定。

04 調整字型樣式，點選『基本字元格式』、『字體樣式：Adobe 繁黑體 Std』，『調整字體大小：25 點』，調整完畢後按下『確定』按鈕。

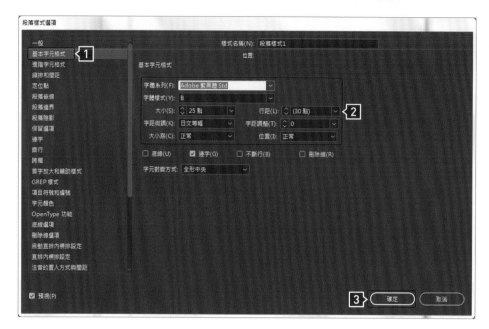

05 利用『選取工具』，點選剛建立段落樣式的上野標題文字，按下快速鍵『Ctrl＋C』拷貝，將文字拷貝。

06 再將複製的文字貼在其他單元內頁裡面，點選『第六頁』頁面兩下進入編輯，按下滑鼠右鍵點選『原地貼上』。

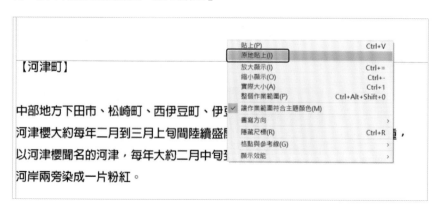

07 貼上後再點選『文字工具』 **T** 修改畫面中的文字主題，『第六頁』標題文字修改內容為『伊豆半島』。

08 點選『第七頁』內容按下快速鍵『Ctrl＋V』貼上，將剛才拷貝的段落樣式文字貼在點選的『第七頁』上面，利用『文字工具』 **T** 反選畫面中的文字，修改為『明治神宮』。

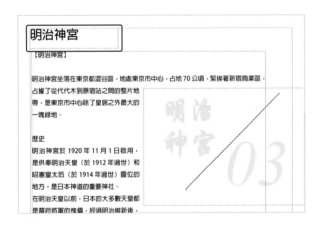

09 點選『第十頁』內容按下快速鍵『Ctrl + V』貼上，將剛才拷貝的段落樣式文字貼在點選的『第十頁』上面，利用『文字工具』 T 反選畫面中的文字，修改為『增上寺』。

10 點選『第十一頁』內容按下快速鍵『Ctrl + V』貼上，將剛才拷貝的段落樣式文字貼在點選的『第十一頁』上面，利用『文字工具』 T 反選畫面中的文字，修改為『淺草』。

11 點選『第十二頁』內容按下快速鍵『Ctrl + V』貼上，將剛才拷貝的段落樣式文字貼在點選的『第十二頁』上面，利用『文字工具』 T 反選畫面中的文字，修改為『東京晴空塔』。

12 點選『第十三頁』內容按下快速鍵『Ctrl+V』貼上，將剛才拷貝的段落樣式文字貼在點選的『第十三頁』上面，利用『文字工具』 T 反選畫面中的文字，修改為『東京晴空塔』。

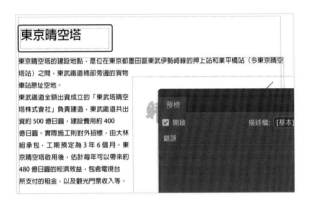

13 點選『第十四頁』內容按下快速鍵『Ctrl+V』貼上，將剛才拷貝的段落樣式文字貼再點選的『第十四頁』上面，利用『文字工具』 T 反選畫面中的文字，修改為『築地市場』。

14 點選『第十五頁』內容按下快速鍵『Ctrl+V』貼上，將剛才拷貝的段落樣式文字貼再點選的『第十五頁』上面，利用『文字工具』 T 反選畫面中的文字，修改為『越後湯澤』。

15 點選『第十七頁』內容按下快速鍵『Ctrl +V』貼上，將剛才拷貝的段落樣式文字貼再點選的『第十七頁』上面，利用『文字工具』 T 反選畫面中的文字，修改為『新宿區』。

16 點選『第十八頁』內容按下快速鍵『Ctrl +V』貼上，將剛才拷貝的段落樣式文字貼在點選的『第十八頁』上面，利用『文字工具』 T 反選畫面中的文字，修改為『富士山河口湖』。

17 點選『第十九頁』內容按下快速鍵『Ctrl +V』貼上，將剛才拷貝的段落樣式文字貼在點選的『第十九頁』上面，利用『文字工具』 T 反選畫面中的文字，修改為『澀谷』。

18 點選『第二十三頁』內容按下快速鍵『Ctrl +V』貼上，將剛才拷貝的段落樣式文字貼在點選的『第二十三頁』上面，利用『文字工具』 T 反選畫面中的文字，修改為『竹下通』。

19 每個頁面都貼入各地名稱，再點選頁面『第二頁以及第三頁』，點選『版面 > 目錄樣式』將製作完成的段落樣式標題置入。

20 點選『新增』按鈕。

21 點選『段落樣式1』，將『段落樣式1』增加至左邊『目錄中的樣式』選項內。

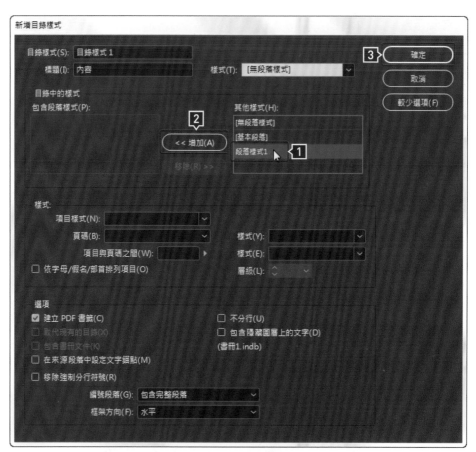

22 增加至左邊『目錄中的樣式』選項內後按下『確定』按鈕。

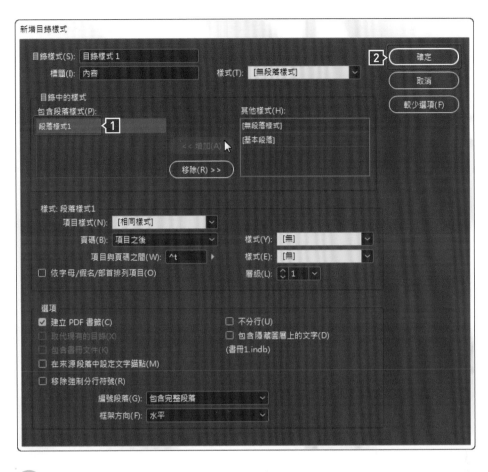

23 樣式中會出現剛新增完成的『目錄樣式1』，再按下『新增』按鈕。

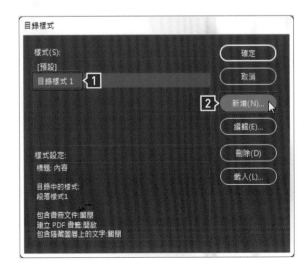

24 設定完成後就可以插入目錄了，點選『版面 > 目錄』。

25 展開『目錄』面板後按下『確定』按鈕。

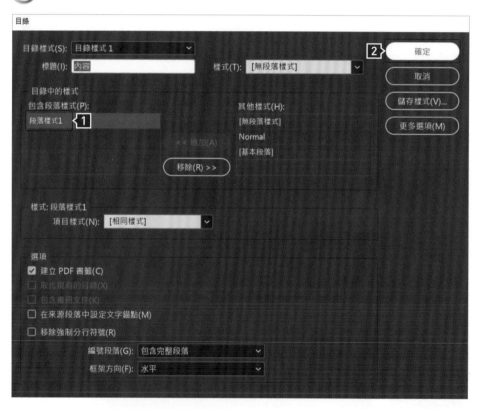

26 由左上往右下繪製一個文字框，畫面會出現剛才建立的目錄內容。

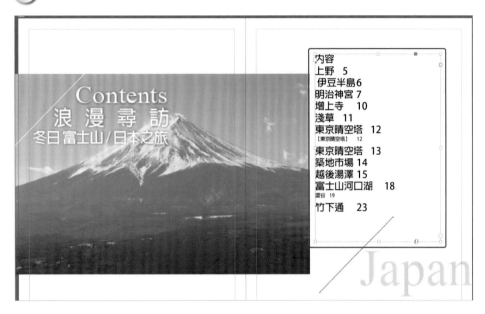

27 再利用『文字工具』反選畫面中的文字，調整字型大小、樣式，以及文字行距。

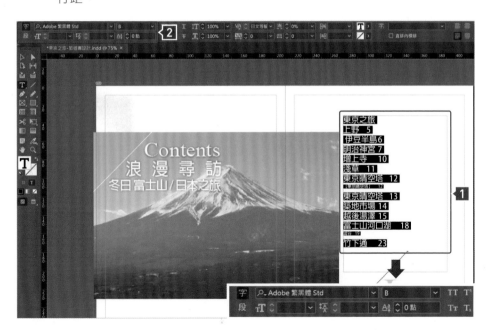

完成圖如右。

東京之旅
上野　5
伊豆半島6
明治神宮7
增上寺　10
淺草　11
東京晴空塔　12
東京晴空塔　13
築地市場14
越後湯澤15
富士山河口湖　18
澀谷　19
竹下通　23

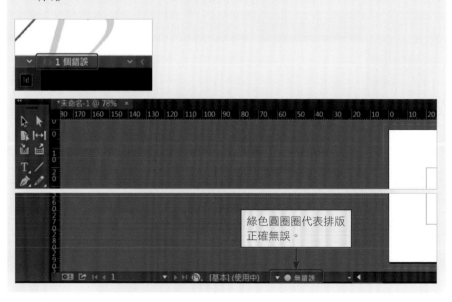

綠色圓圈圈代表排版
正確無誤。

MEMO

Lesson 9

電子書排版 ——
東京之旅介紹
（動畫製作）

設計概念 加入動畫效果，讓畫面看起來更活潑，一般刊物設計屬於靜態呈現，如果是電子刊物，可以使用動態效果來強化版面的預覽效果。

軟體技巧 將製作完成的 InDesign 旅遊刊物，加入動畫效果，讓畫面看起來更活潑。運用軟體中的動畫功能，加入適當的入場動畫。

檔　　案 Chapter 09 / 範例完成品 / 東京之旅 - 旅遊書設計 .IND

應用軟體 Id InDesign

上野 公園 /01

上野

【上野】

東京都台東區的町名。

現行行政地名為上野一丁目至上野七丁目。2013 年 8 月 1 日為止的人口為 3,537 人 [1]。

在上野站及御徒町站之間的區域，有著名的商店街「阿美橫丁」（???? 丁），是一座位於山手線高架鐵路下方的大型市集。一些店鋪售賣傳統商品、食品、也有軍用品店等特色店鋪。在上野設有分店的百貨公司有松？屋及丸井。

美好的旅程 / 美好的生活

每一次的旅行
都是改變的開始

Tokyo Light Travel

設計流程

展開動畫面板，設定
圖片動畫效果。

9.1 ┊ 製作動畫效果

01 點選畫面中的圖片，製作動畫效果，讓電子書的版面看起來更活潑。

02 點選『視窗 > 互動 > 動畫』，展開動畫面板。

03 使用『選取工具』  點選畫面中的照片，再點選動畫面板設定需要的動畫效果。點選動畫面中的『預設集：淡入』，圖片會以淡入方式進場。

04 於動畫面板中設定『預設集：淡入』、『事件：載入頁面』，『持續時間：1秒』、『播放：1次』、『製作動畫：起始時使用目前外觀』。

05 利用『選取工具』 點選其他照片，設定其他動畫效果。每一種效果都有不同的視覺感受，讀者可以每一個都玩玩看，再設定細項的動畫數值設定。

⊙ 淡入效果

↓

260

⊙ 增大效果

電子書排版——
東京之旅介紹
（網站連結、
　加入按鈕選項、
　信箱連結）

設計概念　在電子書最後增加連結功能，讓電子書更有互動式的使用價值。

軟體技巧　利用 InDesign 增加超連結功能，增加電子郵件連結以及網站連結。

檔　　案　Chapter 10 / 範例完成品 / 東京之旅 - 旅遊書設計 .IND

應用軟體　Id InDesign

利用工具列中的基本工具，美化版面。

加入電子郵件連結，使用互動式 PDF 增加連結。

加入網站連結，使用互動式 PDF 增加連結。

加入按鈕選項在主版頁面中，增加版面互動。

01 利用『文字工具』 T 框選一個文字框，輸入連結網址。

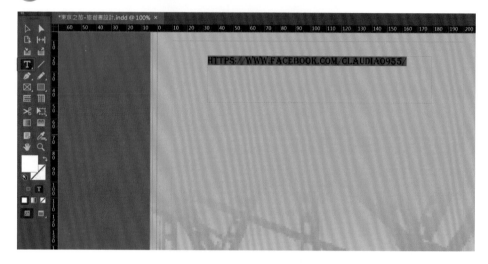

02 增加連結互動功能，將工作區域修改為『互動式 PDF』。

03 點選『超連結』功能選項。

04 展開超連結面板，在選項處點選展開超連結『選項』設定。

05 點選『新增超連結』選項，展開連結面板設定。

06 輸入『URL：輸入網址連結』，輸入完畢後按下『確定』。

輸入完畢後，若連結設定成功會呈現綠燈，代表設定成功。

完成圖如下。

10.2 ： 電子郵件連結

01 利用『文字工具』 **T** 框選一個文字框，輸入文字：與我聯絡。

02 展開超連結面板，在
『選項』處點選展開
超連結選項設定，點
選『超連結面板』選
項。

03 再點選『新增超連結』
選項展開超連結面板設
定電子郵件連結。

Photoshop × Illustrator × InDesign 商業平面設計一次搞定

04 展開新增連結面板『連結至：電子郵件』，『地址輸入信箱，主旨行輸入與我聯絡文字』，設定完畢按下『確定』按鈕。

05 完成『與我聯絡』設定，在超連結面板中會出現信箱符號。

01 利用工具列中的『矩形工具』□畫一個橫式矩形，重新填色為咖啡色。

02 重新繪製一個咖啡色矩形。

03 利用『選取工具』▷點選畫面中文字，按下滑鼠右鍵『排列順序 > 移至最前』，將畫面中文字移到最前面。

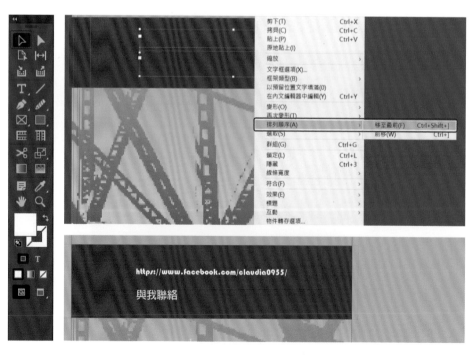

10.4 加入按鈕互動式連結

01 點選進階面板中的『頁面』，展開頁面面板，點選『視窗 > 頁面』：『A- 主版、B- 主版、C- 主版、D- 主版、E- 主版、F- 主版、G- 主版』，進入主版編輯。

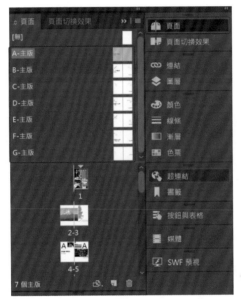

02 在進階面板中選擇『按鈕與表格』、『視窗 > 互動 > 按鈕與表單』展開按鈕與表單，再點選『選項』。

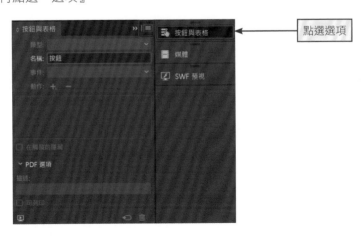

點選選項

03 點選畫面中『樣本按鈕和表單』選項。

04 展開『樣本按鈕和表單』，點選畫面中的標號『149、150』按鈕，將按鈕拖拉到『A- 主版』內。

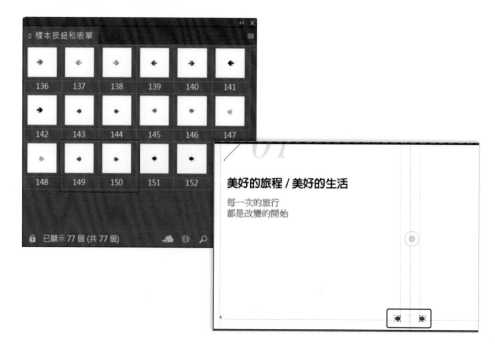

05 利用『選取工具』 ▷ 點選畫面中的按鈕，按下『Ctrl+C』拷貝，再點選 『B- 主版』進入編輯，在『B- 主版』按下滑鼠右鍵選取『原地貼上』。

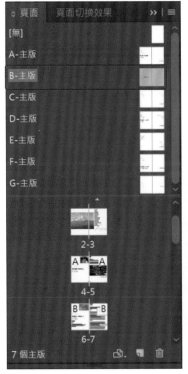

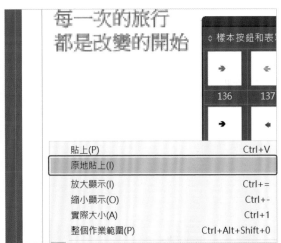

06 繼續以上動作將所有按鈕貼在『B- 主版、C- 主版、D- 主版、E- 主版、F- 主版、G 主版』內貼入，讓每一頁都有按鈕。

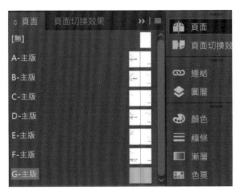

Lesson 11

電子書排版──
東京之旅介紹
（輸出檔案）

設計概念 輸出電子書後呈現動態效果。

軟體技巧 使用 InDesign 轉存為 PDF（列印）、SWF 動畫效果以及 PDF（互動式）
檔案格式輸出，運用在不同媒體進行發表。

檔　　案 Chapter 11 / 範例完成品 / 東京之旅 - 旅遊書設計 .innd
Chapter 11 / 範例完成品 / 東京之旅 - 旅遊書設計 -（互動式）.PDF
Chapter 11 / 範例完成品 / 東京之旅 - 旅遊書設計 .SWF

應用軟體 Id InDesign

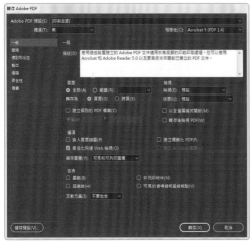

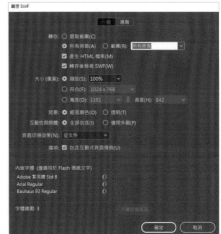

輸出轉存 PDF（列印）印刷格式圖檔。

輸出轉存 SWF 動畫格式、翻頁效果製作。

輸出轉存 PDF（列印）印刷格式圖檔。

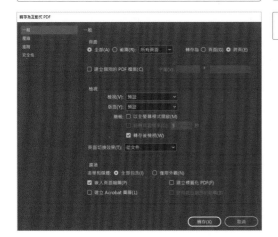

11.1 ∶ 輸出轉存 PDF（列印）印刷格式圖檔

01 將圖檔轉存輸出為 PDF 格式高品質列印圖檔，點選『檔案 > 轉存』。

02 在『一般』選項中點選『Adobe PDF 預設：印刷品質』是適合印刷輸出的格式，如果選擇『Adobe PDF 預設：高品質列印』則是適合一般印表機列印的格式，選擇完畢之後按下『轉存』按鈕。

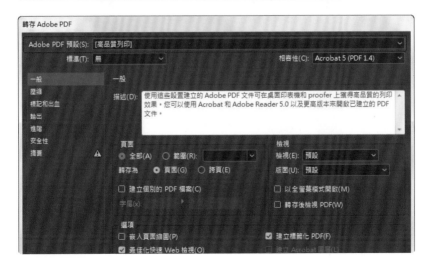

11.2 輸出轉存 SWF 格式圖檔

01 將圖檔轉存輸出為 SWF 圖檔。點選『檔案 > 轉存』讓電子書在右上角有翻頁效果，輸出為互動式功能，即可在螢幕上面預覽並有連結網站及信箱功能，同時動畫效果也可以在 SWF 格式內呈現。

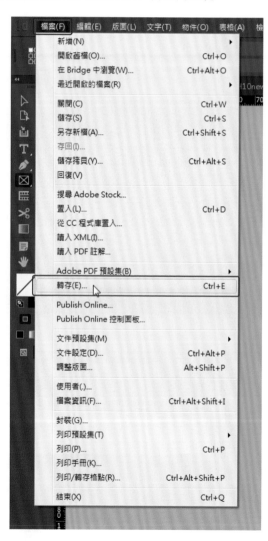

02 將圖檔轉存，點選『檔案 > 轉存』，選擇檔案格式為『存檔類型：Flash Player (SWF)』。

02 在『一般』頁籤中按下『確定』按鈕。

03 轉存成 SWF 檔案，色彩為螢幕顯示顏色，所以畫面會跳出 CMYK 轉成 RGB 顏色選項提示，按下『確定』按鈕。

SWF（翻頁效果示意圖）1：

SWF（翻頁效果示意圖）2：

淺草

【淺草】

淺草寺雷門

本身既是東京都台東區的一個地名，也是以淺草寺為中心的周邊繁華街區的總稱。

在近年東京都內實行區份合併以前，淺草本來是東京都內的一個區的名稱。

台東區的町名淺草，下設淺草一丁目至七丁目。2013 年 8 月 1 日為止的人口為 17,440 人

淺草寺的雷門

就是淺草地區的地標。明治後期，第六區中的十二層凌雲閣也十分有名，稱為淺草十二階。

但在大正期間的關東大地震中坍塌。昭和初期，森下仁丹在西淺草建設廣告塔，暱稱仁丹塔，但在 1986 年拆除。1990 年代，吾妻橋對岸的墨田區本所朝日啤酒本社大樓樓頂的特殊物體成為淺草知名的景色。此外，同樣對岸墨田區川岸的東京晴空塔也為淺草景色增添風采。

歷史

有關「淺草」這個地方名稱的記載，出現於《吾妻鏡》裡 1181 年（即養和元年）的條目。

江戶時代的淺草還是一片廣闊的內陸地方。

到了明治時代，淺草成為了東京市的 15 區之一，範圍包括以淺草寺為中心的地帶。這地帶慢慢的變成了一個公園，被稱為「淺草公園」。

關東大地震之後至第二次世界大戰之前，東武伊勢崎線通車，並通過淺草。1970 年代成為了東京的平民大道地，之後日漸衰退。

地名由來

主要的地名說法是，過去武藏野雜草茂密，相較起來這一帶野草較為稀疏，因而稱為「淺草」。

Tokyo Light Travel

增上寺

【增上寺】

增上寺是位於日本東京都港區芝公園的一座淨土宗寺院，山號為三緣山，正式的全名為三緣山廣度院增上寺。

日本淨土宗鎮西派七個大本山其中之一，也是江戶幕府德川家的靈廟之一。增上寺的前身是由空海的弟子，也是唐八家之一的宗叡創建於武藏國的貝塔，相當於現在的千代田區及紀尾井町一帶，原寺名為光明寺，屬於真言宗的寺廟。

SWF（翻頁效果示意圖）3：

越後湯澤

拍賣場和中間商所在的主要建築物股計成一弧形，最主要是由於市場附設有國鐵東京市場站，內外的軌道路線與市場建築平行，用此讓鮮魚貨物列車等入線。

不但是運送貨物連新鮮食品也逐漸由貨櫃車取代貨物列車運送，受此影響冷凍車、活魚車等等的貨車和貨物列車等逐漸被淘汰，而車站亦同時廢除，市場內外的路線均被撤除。市場的青果門附近仍在舊汐留站遺址的伸延處留下了零散的柏油路作為路線的痕跡，那條人行道亦留有日原周道的警笛機。銀座商業區就在附近，有如此地點條件的批發市場在其他地區並不多。

築地市場

【築地市場】

市場位於東京地下鐵日比谷線上的築地站及都營地下鐵大江戶線的築地市場站附近。市場整體上有兩個不同的部分：狹義上的築地市場指批發市場區域，又稱為「場內市場」，有 7 家註冊批發業者、約 1000 家註冊中卸（中盤商）業者在此進行魚貨與蔬菜的拍賣，面積約為 23 萬平方公尺；通稱「場外市場」、或逕稱為「場外」，由銷售廚房器具、餐廳用品、雜貨、海鮮的小型批發與零售店、以及許多餐館所組成，特別是壽司店。

除了在築地六丁目的停車場部份地方外，築地市場（場內市場）的地址編號為「東京都中央區築地五丁目 2 番 1 號」。

現時於築地市場處理的商品種類除了海鮮（處理量日本最大）外，還有蔬果（包括蔬菜和水果；雖然分為人類，在東京是僅次大田市場的第二位）、雞肉、雜蛋、醃菜和各種加工食品（豆腐、豆芽、急凍食品等）。2005 年的數據顯示，處理所有種類商品合計約 916,866 公噸（每日處理海鮮 2,167 公噸，蔬果 1,170 公噸），金額約為 5,657 億日圓（每日處理海鮮 17.68 億日圓、蔬果 3.2 億日圓）。

Tokyo Light Travel

11.3 ∶ 轉存成 PDF 互動式電子書檔案

01 將圖檔轉存輸出為 PDF 互動式圖檔。點選『檔案 > 轉存』。

02 只要是輸出為互動式功能，即可在螢幕上預覽包含連結網站以及信箱連結功能。存檔類型：Adobe PDF（互動式），按下『存檔』，在『一般』畫面中按下『存檔』按鈕。

03 由於 PDF 電子式檔案是在螢幕上面預覽，因此會將原來 CMYK 顏色改成 RGB 色彩，按下『確定』按鈕。

04 完成後利用軟體 Adobe Reader 開啟 PDF 格式檔案，如果有製作互動式的功能，可以運用軟體執行測試結果。

Photoshop×Illustrator×InDesign
商業平面設計一次搞定

作　　　者：楊馥庭(庭庭老師)
企劃編輯：溫珮妤
文字編輯：江雅鈴
設計裝幀：張寶莉
發　行　人：廖文良

發　行　所：碁峰資訊股份有限公司
地　　　址：台北市南港區三重路 66 號 7 樓之 6
電　　　話：(02)2788-2408
傳　　　真：(02)8192-4433
網　　　站：www.gotop.com.tw
書　　　號：AEU016200
版　　　次：2019 年 02 月初版
建議售價：NT$450

國家圖書館出版品預行編目資料

Photoshop×Illustrator×InDesign 商業平面設計一次搞定 / 楊
　馥庭著. -- 初版. -- 臺北市：碁峰資訊, 2019.02
　　面；　公分
　ISBN 978-986-502-053-8(平裝)
　1.數位影像處理　2.Illustrator(電腦程式)　3.InDesign(電腦
程式)　4.平面設計
312.837　　　　　　　　　　　　　　　　　　　　108001634

讀者服務

- 感謝您購買碁峰圖書，如果您
  對本書的內容或表達上有不清
  楚的地方或其他建議，請至碁
  峰網站：「聯絡我們」\「圖書問
  題」留下您所購買之書籍及問
  題。(請註明購買書籍之書號及
  書名，以及問題頁數，以便能
  儘快為您處理)
  http://www.gotop.com.tw

- 售後服務僅限書籍本身內容，
  若是軟、硬體問題，請您直接
  與軟體廠商聯絡。

- 若於購買書籍後發現有破損、
  缺頁、裝訂錯誤之問題，請直
  接將書寄回更換，並註明您的
  姓名、連絡電話及地址，將有
  專人與您連絡補寄商品。